Die Geschwindigkeitsmesser mit Reibungsgetriebe

Ein Beitrag zu ihrer Theorie

von

Dr.-Ing. Wilhelm Heyn

Mit 11 Textabbildungen

Springer-Verlag Berlin Heidelberg GmbH 1916

ISBN 978-3-662-32402-8   ISBN 978-3-662-33229-0 (eBook)
DOI 10.1007/978-3-662-33229-0

Vorwort.

Die stattliche Zahl von Patentschriften, die bisher über Geschwindigkeitsmesser veröffentlicht wurde, läßt klar erkennen, welch große Bedeutung Technik, Industrie und Sport einem brauchbaren Meßinstrument für Geschwindigkeiten beimißt. Zu seiner Vervollkommnung wurde die Ausnutzung zahlreicher Kräfte und Getriebe vorgeschlagen, wobei durchweg von der Messung gleichförmiger Geschwindigkeit ausgegangen wurde, trotzdem gerade bei seinem Hauptanwendungsgebiet, den Fahrzeugen, wie Lokomotiven, Kraftwagen, Flugzeugen usw. eine ungleichförmige Geschwindigkeit die Regel ist. Wenn auch die auf der Wirkung elektrischer oder elektromagnetischer Kräfte beruhenden Geschwindigkeitsmesser sich einer Geschwindigkeitsänderung verhältnismäßig gut anzupassen vermögen, so sind sie doch mit Rücksicht auf die Kleinheit der auftretenden Kräfte nicht in der Lage, eine selbsttätige Aufzeichnung der gemessenen Geschwindigkeit zu liefern. Hierzu sind vielmehr bis jetzt nur die auf rein mechanischen Gesetzen aufgebauten Apparate befähigt. Ihre genaue Untersuchung zeigt jedoch, daß sie zwar eine gleichförmige Geschwindigkeit annähernd genau messen, bei ungleichförmiger Geschwindigkeit dagegen Anzeigen liefern, die oft um einen hohen Prozentsatz von den Werten der tatsächlich herrschenden Geschwindigkeit abweichen. Hieraus ist zu schließen, daß diese Apparate, ganz abgesehen von Ausführungsmängeln, noch mit Fehlerquellen behaftet sein müssen, die, in den theoretischen Bedingungen ihrer Anordnung begründet, eine genaue Anzeige unmöglich machen.

Zweck der nachfolgenden Abhandlung soll es daher sein, die Bewegungsgesetze der für Geschwindigkeitsmessung benutzten Getriebe aufzusuchen und dadurch die Grundlage für weitere Verbesserungen zu schaffen. Bei der Unzahl der verschiedenen Ausführungsformen mußte sich die Untersuchung, um nicht in unnötige Wiederholungen zu verfallen, nur auf einige wichtige Bauarten beschränken, wobei außerdem nur die Geschwindigkeitsmesser mit Reibungsgetriebe berücksichtigt wurden, da nur diese eine ununterbrochen fortlaufende Messung ermöglichen. Die Untersuchung der sogenannten zwangläufigen Geschwindigkeitsmesser soll einer späteren Abhandlung vorbehalten bleiben.

Charlottenburg, im September 1916.

W. Heyn.

Inhaltsverzeichnis.

I. Zweck und Einteilung
der Geschwindigkeitsmesser.

Die fortschreitende Entwicklung der Technik hat zur besseren Ausnutzung und Beherrschung der bewegten Massen von ortsfesten Maschinen und Fahrzeugen eine Reihe von Instrumenten geschaffen, um mit ihrer Hilfe deren Geschwindigkeit prüfen und überwachen oder eine gefahrbringende Geschwindigkeitsveränderung rechtzeitig erkennen und verhüten zu können. Ein großer Teil dieser Instrumente, allgemein „Geschwindigkeitsmesser" genannt, beschränkt sich auf die Bestimmung einer gewünschten gleichförmigen Endgeschwindigkeit, wie z. B. bei Zentrifugen, oder einer beliebigen gleichförmigen Geschwindigkeit innerhalb enger Grenzen, z. B. bei Turbinen, Dampfmaschinen, Webstühlen usw., verzichtet jedoch auf eine genaue Wiedergabe des Überganges von einer Geschwindigkeitsstufe zur anderen. Der restliche Teil dagegen hat die Aufgabe, die Geschwindigkeit auch während ihrer Veränderung innerhalb eines möglichst großen Meßbereiches zu ermitteln und anzuzeigen. Derartige Geschwindigkeitsmesser kommen insbesondere bei Fahrzeugen, wie Lokomotiven, Kraftwagen usw. zur Anwendung.

Die zahlreichen Bauarten dieser Geschwindigkeitsmesser können in drei grundsätzlich von einander getrennte Gruppen eingeteilt werden.

Die erste dieser Gruppen nützt Kräfte, die von der Geschwindigkeit abhängig sind, hauptsächlich die Zentrifugalkraft und elektrische oder elektromagnetische, vereinzelt auch hydraulische, pneumatische, elastische usw. Kräfte.

Bei den Apparaten der zweiten Gruppe wird die Geschwindigkeit dadurch bestimmt, daß innerhalb eines durch ein Uhrwerk gegebenen Zeitabschnittes der zurückgelegte Weg gemessen wird.

Da die einzelnen Zeitabschnitte, die mit $\varDelta t$ bezeichnet seien, gleich groß gehalten werden, so sind die gemessenen Weglängen ($\varDelta s$) den innerhalb des zugehörigen Zeitraumes herrschenden mittleren Geschwindigkeiten (v_m) proportional, geben also ein Maß für die Geschwindigkeit ab. Die Gleichung

$$1) \quad v_m = \left(\frac{1}{\varDelta t}\right) \cdot \varDelta s$$

spiegelt den Grundgedanken der Messung dieser Gruppe von Instrumenten wieder. Demnach ist die Bestimmung der mittleren Geschwindigkeit eines Zeitabschnittes ein in sich geschlossener Meßvorgang. Durch unmittelbare Aneinanderreihung aufeinander folgender Messungen kann zwar, wenn die Zeitabschnitte $\varDelta t$ sehr klein gewählt werden, eine gute Annäherung an den wirklichen Geschwindigkeitsverlauf erzielt werden, eine genaue Bestimmung der in jedem Augenblick herrschenden Geschwindigkeit V ist jedoch nicht möglich, da diese dann als Grenzwert unter Benutzung unendlich kleiner Zeitelemente (dt) bezw. Wegelemente (ds) gemäß der Gleichung

$$2) \quad v = \lim_{\varDelta t = 0} \left(\frac{1}{\varDelta t}\right) \varDelta s = \left(\frac{1}{dt}\right) \cdot ds$$

gemessen werden müßte, was schon allein mit Rücksicht auf die nach unten begrenzte mechanische Teilbarkeit nicht mehr möglich ist.

Die ununterbrochen fortgesetzte Bestimmung einer veränderlichen Geschwindigkeit ist vielmehr das Ziel der der dritten Gruppe angehörenden Geschwindigkeitsmesser. Die Messung wird hier durch einen fortlaufenden Vergleich der zu messenden Geschwindigkeit (v) mit einer durch ein Uhrwerk gegebenen gleichförmigen Geschwindigkeit v_1 ermöglicht, wobei stets ein proportionales Verhältnis gemäß der Gleichung

$$3) \quad v = K \cdot v_1$$

angestrebt wird. Die Lösung der Aufgabe gelingt nur dann auf mechanischem Wege, wenn zwischen die beiden Geschwindigkeiten v und v_1 ein beliebig veränderliches Übersetzungsverhältnis, dessen Wert dem Proportionalitätsfaktor K entspricht und als Maß der Geschwindigkeit gilt, eingeschaltet wird. Bei fortlaufend sich drehenden Maschinenteilen kann ein beliebig veränderliches

Übersetzungsverhältnis nur durch ein Reibungsgetriebe verwirklicht werden, so daß dieses als Kennzeichen der dritten Gruppe anzusehen ist.

Über das Verhalten der wichtigsten zur ersten Gruppe zählenden Instrumente, vornehmlich der auf der Wirkung von Zentrifugalkräften und elektromagnetischen Kräften beruhenden Geschwindigkeitsmesser ist eine ausführliche Literatur vorhanden. Für die zweite und dritte Gruppe dagegen gehen die Veröffentlichungen, soweit sie dem Verfasser bekannt wurden, über eine Beschreibung und Untersuchung der Meßgeschwindigkeit bei gleichförmiger Geschwindigkeit nicht hinaus. Bei der zunehmenden Bedeutung dieser Instrumente erscheint es daher wünschenswert, die Untersuchung auch auf den eigentlichen Teil ihrer Aufgabe, d. h. auf ihr Verhalten bei Messung ungleichförmiger Geschwindigkeit, die ja bei Fahrzeugen die Regel ist, auszudehnen. Um jedoch die Grenzen nicht allzuweit zu stecken, soll sich die nachfolgende Untersuchung nur auf Geschwindigkeitsmesser mit Reibungsgetriebe beschränken, und die Bewegungsgesetze der Getriebeverbände, die den grundlegenden Teil des Instrumentes bilden, für eine Reihe der wichtigsten Bauarten aufstellen und miteinander vergleichen, mit dem Wunsche, daß die hier gewonnenen Gesichtspunkte auch anregend und fördernd auf die Untersuchung und Beurteilung verwandter Instrumente einwirken.

II. Geschwindigkeitsmesser mit Reibradgetriebe und axialer Rollenverschiebung.

1. Grundlegende Elemente und Wirkungsweise.

Für unsere Betrachtung wählen wir zunächst eine der einfachsten und zugleich sehr frühzeitig bekannt gewordenen Anordnungen mit Schraubengetriebe und Planscheibe, wie sie von A. Harlacher in Prag im deutschen Reichspatent D. R. P. Nr. 20995 vom Jahre 1882 beschrieben und in Abb. 1 in den grundlegenden Elementen wiedergegeben ist.

Ein Uhrwerk (U) erteilt mit Hilfe eines Zahnrades (Z) einer um die Achse A-A sich drehenden Planscheibe S eine gleichförmige und als bekannt anzusehende Winkelgeschwindigkeit ω_1. Parallel zur sorgfältig bearbeiteten Planfläche von S ist die Schraubenspindel S_r mit der Steigung h so gelagert, daß eine auf ihr laufende und am Umfang mit einer Wölbung oder Schneide versehene Rolle R auf einen Durchmesser der Planscheibe geführt wird. Die Rolle ist ferner in ihrer Nabe mit einem zur Schraubenspindel passenden Muttergewinde versehen, so daß sie bei einer relativen Drehung zur Schraubenspindel seitlich in axialer Richtung verschoben wird. Ein Gewicht G oder auch eine Feder drückt die Planscheibe mit einer Kraft P gegen die Rolle R und stellt Reibungsschluß im Berührungspunkt B zwischen R und S her. Die zu messende Geschwindigkeit, die in eine Drehgeschwindigkeit (ω) umgesetzt wurde, wird der Schraubenspindel S_r mit geteilt. Die Rolle bildet mit der Planscheibe ein Reibungsgetriebe, andererseits mit der Schraubenspindel ein Differentialgetriebe, das die verschiedenen Winkelgeschwindigkeiten von Rolle ω_2 und Schraube ω_1 zu einer resultierenden Geschwindigkeit, die eine Verschiebung der Rolle in Längsrichtung der Schraubenspindel verursacht, zusammensetzt.

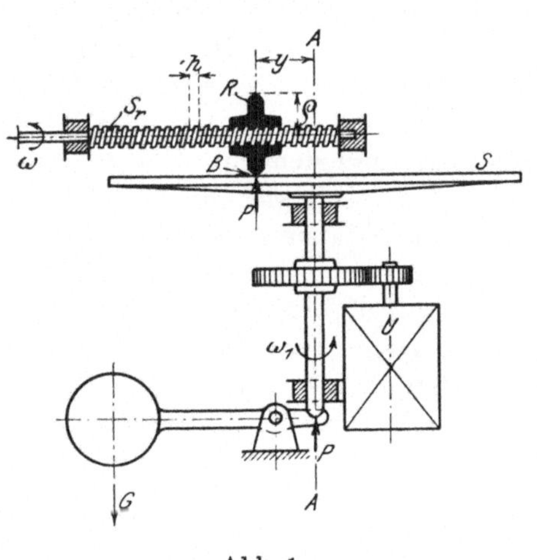

Abb. 1.

In der Nullage steht die Rolle R bewegungslos über dem Mittelpunkt der sich gleichförmig drehenden Planscheibe, da ihr diese keine Drehbewegung erteilen kann. Wird die Schraubenspindel, die mit dem Gegenstand, dessen Geschwindigkeit gemessen werden soll, zwangläufig verbunden ist, angetrieben, so tritt infolge der Relativbewegung der Schraubenspindel zum stillstehenden Muttergewinde in der Rollennabe eine seitliche Verschiebung der Rolle R ein, so daß sie durch die im Berührungspunkt B entstehende Reibung von der Planscheibe aus angetrieben wird. Die

seitliche Verschiebung der Rolle ist beendet, wenn die Relativbewegung zwischen Mutter und Schraube erlischt, also die Winkelgeschwindigkeit der Rolle (ω_2) gleich der der Schraubenspindel
geworden ist. Da die Winkelgeschwindigkeit der Rolle um so
größer wird, je weiter sie bzw. der Berührungspunkt vom Planscheibenmittelpunkt fortgeschraubt wird, so ist die Geschwindigkeit
der Schraubenspindel, und damit die zu messende Geschwindigkeit,
eindeutig durch die Entfernung y des Berührungspunktes vom
Planscheibenmittelpnnkt bestimmt und kann durch eine mit der
Rollennabe verbundene Zeigervorrichtung sichtbar gemacht werden.

Aus dem Gesagten folgt ohne weiteres, daß bei Messung von
gleichförmiger Geschwindigkeit keine Veränderung des Wertes
von y infolge der Gleichheit der beiden Winkelgeschwindigkeiten
von Rolle und Schraube eintreten kann. Dieser Zustand kann
als der des Geschwindigkeitsgleichgewichtes bezeichnet werden
und ist durch die Gleichung

$$4) \quad \omega = \omega_2$$

bestimmt. Um die bekannte Geschwindigkeit ω_1 der Planscheibe
einzuführen, setzen wir zunächst voraus, daß der Reibungsschluß
im Berührungspunkte B wie eine zwangläufige Verbindung wirkt,
daß also keine Gleitbewegung in Richtung des Rollenumfanges
auftritt. Die Umfangsgeschwindigkeit der Rolle, deren Halbmesser
weiterhin stets mit ϱ bezeichnet sei, muß dann genau gleich der
Tangentialgeschwindigkeit der Planscheibe im Berührungspunkt B
sein, was durch die Gleichung

$$5) \quad \omega_2 \cdot \varrho = \omega_1 \cdot y$$

zum Ausdruck kommt. Durch Zusammenfassen mit der unmittelbar vorangehenden Gleichung kommen wir auf eine Beziehung

$$6) \quad \omega = \left(\frac{y}{\varrho}\right) \cdot \omega_1$$

welche der eingangs aufgestellten Gleichung 3) entspricht. Der
Proportionalitätsfaktor K hat den Wert $\left(\frac{y}{\varrho}\right)$, der gleichzeitig die
Größe des Übersetzungsverhältnisses zwischen $\omega = \omega_2$ und ω_1
wiedergibt. Solange die Winkelgeschwindigkeit der Planscheibe
durch das Uhrwerk gleichförmig gehalten wird, was eine selbst-
verständliche Forderung für einen brauchbaren Geschwindigkeits-

messer ist, ist die Größe y und damit das Meßergebnis eindeutig bestimmt.

Es könnte jedoch versuchsweise die Anordnung auch so getroffen werden, daß von einem Gleichgewichtszustand aus Schraubenspindel und Planscheibe gleichzeitig derart in ungleichförmige Bewegung versetzt werden, daß trotz der Änderung der beiden Winkelgeschwindigkeiten ω und ω_1 eine seitliche Verschiebung der Rolle bezw. eine Änderung der Größe y nicht eintritt. Dies würde beispielsweise der Fall sein, wenn in einem gegebenen Augenblick der Schraubenspindel die Winkelbeschleunigung ε und der Planscheibe die Winkelbeschleunigung

$$\varepsilon_1 = \frac{\varepsilon}{\left(\dfrac{y}{\varrho}\right)}$$

erteilt würde. Nach der vom Beginn der Beschleunigung ab gerechneten Zeit t hat dann die Schraubenspindel die Geschwindigkeit

$$\omega = \omega^o + \varepsilon \cdot t$$

und die Planscheibe die Geschwindigkeit

$$\omega_1 = \omega^o{}_1 + \varepsilon_1 \cdot t$$

angenommen. Da aber für $\tau = 0$ Gleichgewicht herrschte, also zwischen ω^0 und $\omega^0{}_1$ die Gleichung 6 erfüllt war, so erfolgt durch Zusammenfassung obiger Werte

$$\omega_1 = \frac{\omega^o}{\left(\dfrac{y}{\varrho}\right)} + \frac{\varepsilon}{\left(\dfrac{y}{\varrho}\right)} \cdot t$$

$$\text{oder} \quad \omega = \left(\frac{y}{\varrho}\right) \cdot \omega_1$$

wieder die Gleichung 6. Wir müssen also folgern, daß das durch diese Gleichung bestimmte Geschwindigkeitsgleichgewicht infolge der nur auf Relativbewegung beruhenden Wirkung des Differentialgetriebes ebenfalls nur als ein relativer Begriff aufzufassen und nicht nur auf gleichförmige Geschwindigkeiten beschränkt ist.

Weiterhin muß noch der wichtige Schluß gezogen werden, daß mit dem vorliegenden Getriebeverband nur dann eine genaue Messung der gesuchten Geschwindigkeit möglich ist, wenn die bekannte Geschwindigkeit ω_1 demselben Gesetz gehorcht und sich nur durch einen durch das Übersetzungsverhältnis gegebenen konstanten Faktor von der letzteren unterscheidet. Da sich diese Bedingung nur versuchsweise für einige besonders ausgewählte Geschwindigkeiten erfüllen läßt, ist zu erwarten, daß bei der Messung beliebig veränderlicher Geschwindigkeiten die Größe y nicht mehr den wirklichen Wert der zu messenden Geschwindigkeit wiedergibt, sondern sich um einen noch näher zu bestimmenden Betrag davon unterscheidet.

Wie bereits erläutert, tritt eine seitliche Bewegung der Rolle R ein, wenn ihre Winkelgeschwindigkeit nicht mit der der Schraubenspindel übereinstimmt. Die Geschwindigkeit, mit welcher diese seitliche Bewegung erfolgt, ist durch $\frac{dy}{dt}$ gegeben. Da sie durch eine relative Drehung des Schraubengetriebes, deren Größe in einem Zeitelement dt mit $d\alpha_3$ bezeichnet sei, erzeugt wird, muß zwischen dieser und dy die Proportion bestehen:

$$7) \quad \frac{d\alpha_3}{2\pi} = \frac{dy}{h}$$

durch Division der Gleichung mit dt erhalten wir die Beziehung zwischen den Geschwindigkeiten

$$8) \quad \frac{d\alpha_3}{dt} = \frac{2\pi}{h} \cdot \frac{dy}{dt}.$$

Diese Winkelgeschwindigkeit $\frac{d\alpha_3}{dt}$ setzt sich mit ω_2 zu einer resultierenden Geschwindigkeit zusammen, so daß die Bedingung des Geschwindigkeitsgleichgewichtes lautet

$$9) \quad \omega = \omega_2 + \frac{d\alpha_3}{dt}.$$

Durch Einsetzen der Werte für ω_2 und $\frac{d\alpha_3}{dt}$ folgt

$$10) \quad \omega = \frac{\omega_1}{\varrho} \cdot y + \frac{2 \cdot \pi}{h} \cdot \frac{dy}{dt}.$$

Damit ist die Differentialgleichung für die Bewegung des vorliegenden Getriebeverbandes gefunden. Durch Umformen wollen wir sie jedoch noch auf eine für die Besprechung geeignetere und weiterhin als Normalform bezeichnete Schreibweise bringen.

$$11) \quad -\left(\frac{2\,\pi\cdot\varrho}{h\cdot\omega_1}\right)\cdot\frac{dy}{dt} = y - \left(\frac{\varrho}{\omega_1}\right)\cdot\omega$$

Die Integration dieser Gleichung ist nur möglich, wenn das Bewegungsgesetz der zu messenden Geschwindigkeit ω bekannt ist. Jedoch auch ohne dessen Kenntnis läßt sich eine Reihe wichtiger Eigenschaften aus der Differentialgleichung ablesen.

Zunächst ist

$$12) \quad \frac{dy}{dt} = 0$$

der Ausdruck dafür, daß keine seitliche Verschiebung der Rolle

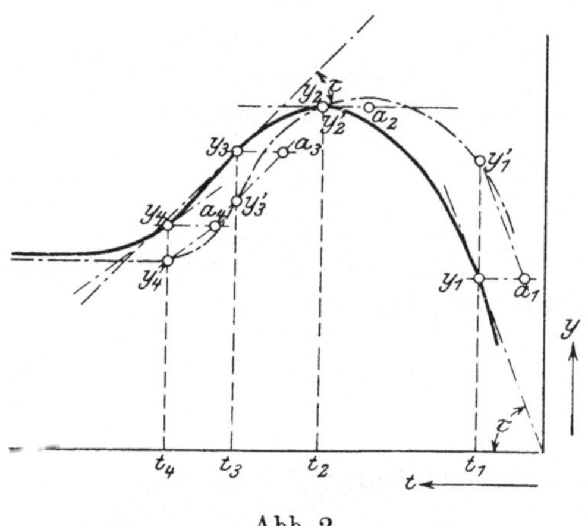

Abb. 2.

stattfindet und Geschwindigkeitsgleichgewicht herrscht. Die Differentialgleichung geht in Gleichung 6 über und ergibt in y den Wert der gemessenen Geschwindigkeit, der hier, wie bereits betont, genau dem durch $\left(\frac{\varrho}{\omega_1}\right)\cdot\omega$ bestimmten Wert der zu messenden Geschwindigkeit entspricht.

Denken wir uns die Werte von y in einem Zeit-Geschwindigkeits-Diagramm aufgetragen (Abb. 2), so sagt die Gleichung 12 aus, daß an der hierdurch bestimmten Stelle die Kurve der angezeigten Geschwindigkeit eine horizontale Tangente hat bezw. bei längerer Dauer des Geschwindigkeitsgleichgewichtes in eine horizontale Gerade übergehen muß.

Ist $\dfrac{dy}{dt}$ von Null verschieden, so ist durch die linke Seite der Differentialgleichung der Fehlbetrag zwischen gemessener und wirklicher Geschwindigkeit gegeben. Er wird prozentual um so kleiner ausfallen, je kleiner einerseits $\dfrac{dy}{dt}$ und anderseits der Faktor $\left(\dfrac{2\,\varrho\,\pi}{h\,\omega_1}\right)$, der weiterhin mit λ bezeichnet sein möge, ist. Um ein möglichst günstig arbeitendes Instrument zu erhalten, muß der Rollendurchmesser sehr klein, die Schraubensteigung und die Umdrehungszahl der Planscheibe dagegen groß gehalten werden. Die Größe von $\dfrac{dy}{dt}$ wird durch die zeitliche Veränderung von ω bestimmt. Der prozentuale Fehlbetrag in der Messung ist bei gleichem ω von dem Werte von y abhängig und macht eine selbsttätige Berichtigung, etwa durch Änderung des Maßstabes für die Zeigervorrichtung oder dergl., unmöglich.

Verläuft die zu messende Geschwindigkeit nach einem bekannten Gesetz, das jedoch von dem der bekannten Geschwindigkeit ω_1 verschieden ist, so kann der Fehlbetrag durch Integration der Differentialgleichung 11 errechnet werden. Die Gleichung bietet dann ein willkommenes Hilfsmittel, um die Anzeige des Instrumentes in verschiedenen Verhältnissen nachprüfen zu können. Insbesondere dürfte zur praktischen Prüfung von Geschwindigkeitsmessern die Anwendung der Fallgesetze zur Erzeugung einer gleichförmig beschleunigten Bewegung empfohlen sein.

Ist der Verlauf von ω ein zufälliger, so gestattet die Größe y nur dann einen Rückschluß auf den Fehlbetrag $\left(\lambda \cdot \dfrac{dy}{dt}\right)$ bezw. auf den tatsächlichen Wert von ω, wenn der Verlauf der gemessenen Geschwindigkeit vom Instrument selbsttätig in Form eines Zeit-Geschwindigkeits-Diagrammes aufgezeichnet wird. In Abb. 2 entspreche die stark ausgezogene Kurve $y_1\,y_2\,y_3$ usw. einem derartigen Schaubild. Für einen beliebigen Punkt dieser Kurve, z. B. mit den Koordinaten y_1 und t_1 wird durch Ziehen der Kurventangenten der Wert

$$13)\quad \left(\frac{dy}{dt}\right)_1 = \operatorname{tg} \tau_1$$

gefunden. Durch Einsetzen der zusammengehörigen Werte y_1 und $\left(\dfrac{dy}{dt}\right)_1$ in die Differentialgleichung wird rechnerisch der zugehörige Wert y'_1 der tatsächlich herrschenden Geschwindigkeit ω gefunden; ebenso kann y'_1 zeichnerisch auf einfache Weise bestimmt werden, wenn im Kurvenpunkt $(y_1; t_1)$ eine Strecke $y_1 a_1$ im Betrage von $\lambda = \dfrac{2\,\varrho\,\pi}{h \cdot \omega_1}$ parallel zur Abszissenachse in Richtung nach der Ordinatenachse abgetragen und in deren Endpunkt eine Parallele zur Kurventangente gezogen wird. Der Schnittpunkt mit der Ordinate des Punktes $y_1 t_1$, bezw. deren Verlängerung, ergibt dann den Fehlbetrag $y'_1 - y_1$ bezw. den wahren Wert y'_1 in seiner Entfernung von der Abszissenachse. Der Beweis für die Richtigkeit der Konstruktion folgt aus der oben erwähnten Beziehung zwischen dem Differentialquotienten $\dfrac{dy}{dt}$ und dem von der Kurventangente mit der Richtung der positiven Abszissenachse gebildeten Winkel τ gemäß Gleichung 13. Da die dem Werte λ im Maßstabe des Diagrammes entsprechende Strecke $y_1 a_1$ senkrecht zur Ordinate y_1 steht, ist das durch die Punkte $y_1 a_1 y_1'$ gebildete Dreieck ein rechtwinkliges und durch die Größen λ und τ eindeutig bestimmt. Wir finden also

$$14)\quad \operatorname{tg} \tau_1 = \frac{y_1' - y_1}{\left(\dfrac{2\,\varrho\,\pi}{h \cdot \omega_1}\right)} \quad\text{oder}\quad y - y'_1 = -\left(\frac{2\,\varrho\,\pi}{h \cdot \omega_1}\right)\cdot\left(\frac{dy}{dt}\right)_1$$

ebenso gilt z. B. für den Punkt $y_3 t_3$

$$15)\quad y_3 - y'_3 = \left(\frac{2\,\varrho\,\pi}{h\,\omega_1}\right)\cdot \operatorname{tg}\,(180^0 - \tau_3) = -\left(\frac{2\,\varrho\,\pi}{h \cdot \omega_1}\right)\cdot \operatorname{tg}\,\tau_3$$

oder

$$y_3 - y'_3 = -\left(\frac{2\,\varrho\,\pi}{h\,\omega_1}\right)\cdot\left(\frac{dy}{dt}\right)_3$$

womit die vollkommene Übereinstimmung mit der Differentialgleichung herbeigeführt ist. Die Punkte y_1' und y'_3 müssen also auf einer Kurve liegen, die dem wahren Wert der Ordinate $\left(\dfrac{\varrho}{\omega_1}\right)\cdot \omega$ der zu messenden Geschwindigkeit ω entspricht. Durch fortgesetzte Konstruktion einer Reihe von Punkten y' sind wir in der Lage die Integralkurve der Differentialgleichung zu jeder beliebigen

Kurve gemessener Geschwindigkeit zu zeichnen, wie in Abb. 2 punktiert angegeben. Weiterhin ist deutlich zu erkennen, daß bei zunehmenden Werten der gemessenen Geschwindigkeit die wirkliche Geschwindigkeit größer und bei abnehmenden Werten kleiner sein muß, als die Messung ergibt.

Auch die Differentialgleichung bringt dies zum Ausdruck, wenn man beachtet, daß einerseits y' dem Werte $\left(\dfrac{\varrho}{\omega_1}\right)\omega$ entspricht und andererseits $\left(\dfrac{dy}{dt}\right)$ bei zunehmender Geschwindigkeit eine positive, bei abnehmender eine negative Größe sein muß.

Geht die beliebige Geschwindigkeit ω nach der Zeit t_4 in die gleichförmige Geschwindigkeit ω_4 über, so wird in diesem Augenblick die gemessene Geschwindigkeit noch um die Größe des Fehlbetrages von dem wahren Werte abweichen. Für den hiermit beginnenden Übergang lautet dann die Differentialgleichung:

$$16)\quad -\left(\frac{2\,\varrho\,\pi}{h\,\omega_1}\right)\frac{dy}{dt} = y - \left(\frac{\varrho}{\omega_1}\right)\cdot\omega_4$$

Die Integration, die sich leicht durch Trennung der Variabeln vornehmen läßt, hat zwischen den Grenzen t und t_4 zu erfolgen. Wir erhalten dann

$$17)\quad ln\left[y - \frac{\varrho}{\omega_1}\,\omega_4\right]_{y_4}^{y} = -\left(\frac{t}{\lambda}\right)_{t_4}^{t}$$

Durch Umformen folgt

$$17\,\mathrm{a})\quad y = \frac{\varrho}{\omega_1}\,\omega_4 + \left(y_4 - \frac{\varrho}{\omega_1}\cdot\omega_4\right)\cdot e^{-\frac{t-t_4}{\lambda}}$$

Der Übergang ist beendet, wenn y den Wert

$$18)\quad y' = \frac{\varrho}{\omega_1}\cdot\omega_4$$

angenommen hat. Dies ist aber nur für

$$t = +\infty$$

der Fall, da dann die Exponentialfunktion den Nullwert annimmt. In diesem Augenblick muß gemäß Gleichung 16 der Differentialquotient $\dfrac{dy}{dt}$ ebenfalls zu Null werden. Dies bedeutet, daß der Übergang in einer asymptotischen Annäherung der y-Kurve an die durch Gleichung 18 bestimmten Geraden für die Werte der gleichförmigen Geschwindigkeit ω_4 erfolgt und erst in unendlich langer Zeit beendet ist. Diese wesentliche Eigenschaft des Getriebes läßt sich auch in den Satz fassen:

Ist die Gleichgewichtslage einmal gestört, so kann sie in endlicher Zeit nicht wieder erreicht werden.

Mit Rücksicht auf die begrenzte Genauigkeit der mechanischen Ausführung wird jedoch nach endlicher Zeit die Abweichung von der Gleichgewichtslage so gering sein, daß sie mit dem Auge nicht mehr unterschieden oder durch Spielräume in der Lagerung und sonstige mechanische Ungenauigkeiten ausgeglichen wird.

Ebenso wie der Fehlbetrag wird auch die Form der Übergangskurve durch den Wert des Faktors λ bestimmt. Je rascher die y-Kurve zur Geraden y' abfällt, um so eher wird die Grenze für diese nicht mehr erkennbare und daher praktisch zulässige Abweichung erreicht und um so höher ist das Getriebe zu bewerten.

Gemäß der nach $\dfrac{dy}{dt}$ aufgelösten Gleichung 16 wird dies erreicht, wenn für den Beginn des Überganges $\dfrac{dy}{dt}$ einen möglichst hohen Wert annimmt, der aber nur durch ein entsprechend kleines λ ermöglicht wird. Wir erhalten also dieselbe Bedingung für ein günstiges Arbeiten, wie wir sie bereits früher gefunden haben.

Bei raschem Wechsel zwischen Beschleunigung und Verzögerung muß auch $\dfrac{dy}{dt}$ zwischen positiven und negativen Werten schwanken und dabei jedesmal den Nullwert durchlaufen. In diesem Augenblick tritt gemäß Gleichung 12 Geschwindigkeitsgleichgewicht ein und ergibt eine richtige Messung $y = y'$. Es ist dies der einzige Fall einer theoretisch genauen Messung.

Im Diagramm ist eine derartige Stelle durch eine horizontale Tangente an die aufgezeichnete Geschwindigkeitskurve, wie bereits früher erwähnt, ausgezeichnet (Fig. 2 Punkt y_2) und leicht festzustellen. Der zeitlich unmittelbar vor dieser Stelle liegende Teil der Kurve gibt, wie z. B. in Fig. 2, noch den Beschleunigungszustand an, während tatsächlich die zu messende Geschwindigkeit bereits in eine abnehmende Geschwindigkeit übergegangen ist. Bei einem Wechsel von Verzögerung zur Beschleunigung ist das Verhalten genau umgekehrt. Der Berührungspunkt der Horizontaltangente an die Kurve der gemessenen Geschwindigkeit ist gleichzeitig der Schnittpunkt mit der theoretischen Kurve der zu messenden Geschwindigkeit. Damit ergibt sich die Folgerung, daß der Eintritt der Veränderung des Bewegungszustandes zeitlich stets vor dem Maximum bzw. Minimum der angezeigten Geschwindigkeitskurve liegt.

Ein weiterer ausgezeichneter Zustand ist der Übergang zur Nullage. Er beginnt mit dem Augenblick des Erlöschens der zu messenden Geschwindigkeit, ist also durch

$$19) \quad y' = \frac{\varrho}{\omega_1} \cdot \omega = 0$$

gekennzeichnet, die Differentialgleichung nimmt dann die Gestalt

$$20) \quad -\left(\frac{2\,\varrho\,\pi}{h \cdot \omega_1}\right) \frac{dy}{dt} = y$$

an, die durch Integration übergeht in

$$\left(ln\,y\right)_{y_0}^{y} = -\left(\frac{t}{\lambda}\right)_{t_0}^{t}$$

bezw.

$$21) \quad y = y_0 \cdot e^{-\frac{t - t_0}{\lambda}}$$

Die Nullage ist erreicht, wenn y verschwindet, was nur für

$$t = +\infty$$

möglich ist. Wir erhalten also ebenso wie beim Übergang zur Gleichgewichtslage asymptotische Annäherung. Das dort hierüber Gesagte gilt sinngemäß in vollem Umfange auch hier.

Im Anschluß an Gleichung 12 wurde darauf hingewiesen, daß durch Messung einer bekannten gleichförmig beschleunigten Bewegung eine Prüfung des Instrumentes vorgenommen werden kann. Die Integration der Differentialgleichung 11 soll daher unter der Voraussetzung erfolgen, daß es sich um eine Bewegung mit konstanter Beschleunigung ε von der Nullage aus handelt. Mit

$$22) \quad \omega = \varepsilon \cdot t$$

wird die Differentialgleichung

$$23) \quad -\lambda \frac{dy}{dt} = y - \left(\frac{\varrho}{\omega_1} \cdot \varepsilon\right) \cdot t$$

linear und besitzt einen integrierenden Faktor, der durch Null-setzung des exakten Gliedes $\left(\dfrac{\varrho}{\omega_1} \cdot \varepsilon\right) \cdot t$ in bekannter Weise ge-funden wird:

$$\frac{dy}{y} = -\frac{dt}{\lambda}$$

Hieraus folgt durch Integration und Umformung

$$\frac{1}{y} = e^{\frac{t}{\lambda}}$$

Mit diesem integrierenden Faktor geht die Differentialgleichung über in

$$24) \quad d\left[y \cdot e^{\frac{t}{\lambda}}\right] = \frac{\varrho \cdot \varepsilon}{\omega_1 \cdot \lambda} \cdot t \cdot e^{\frac{t}{\lambda}} \cdot dt$$

Da wir auf jeder Seite der Gleichung ein vollständiges Differential stehen haben, kann die Integration ausgeführt werden, und zwar, gemäß Voraussetzung zwischen den Grenzen Null und y bzw. Null und t

$$25) \quad \left[y \cdot e^{\frac{t}{\lambda}}\right]_{0,\,0}^{y,\,t} = \frac{\varrho \cdot \varepsilon}{\omega_1}\left[e^{\frac{t}{\lambda}}\,(t-\lambda)\right]_0^t$$

Durch Auflösen der Gleichung nach y findet man schließlich

$$26) \quad y = \left(\frac{\varrho \cdot \varepsilon}{\omega_1}\right) t - \frac{\varrho \cdot \varepsilon}{\omega_1} \cdot \lambda \cdot \left[1 - e^{-\frac{t}{\lambda}}\right]$$

Das erste Glied der rechten Seite gibt den wahren Wert y' der zu messenden Geschwindigkeit wieder, während das zweite Glied dem Fehlbetrag entspricht. Er ist direkt proportional zur Beschleunigung und hängt außerdem noch von der Zeitdauer, während welcher die Beschleunigung wirkt, ab.

Mit Hilfe von Gleichung 26 kann durch Einsetzen der für den jeweils vorliegenden Fall maßgebenden Zahlengrößen die Geschwindigkeit während der ganzen Bewegung nachgeprüft werden.

Es ist zu beachten, daß die ganze Ableitung und damit auch die Gleichung 26 nur unter der Voraussetzung gilt, daß der Reibungsschluß im Berührungspunkt des Reibungsgetriebes wie eine zwangläufige Verbindung wirkt. Inwieweit diese Annahme zulässig ist, soll durch eine Untersuchung der im Reibungsgetriebe auftretenden Kräfte und Bewegungen geklärt werden. Für die mir hierzu gegebene Anregung möchte ich an dieser Stelle Herrn Professor Dr. Eugen Meyer meinen Dank zum Ausdruck bringen.

2. Kräfte und Relativbewegung im Reibungsgetriebe.

Das hier verwendete Reibungsgetriebe besteht aus Planscheibe und Rolle. Die Berührung zwischen beiden soll in einem Punkte erfolgen, so daß wir uns einerseits die Rolle als theoretisch dünne Scheibe und andererseits die vom Berührungspunkt auf der Planscheibe beschriebene Laufbahn durch die Tangente im Berührungspunkt ersetzt denken können. Wir werden dadurch unabhängig von der Gestalt der Laufbahn, die hier auf einer Ebene, in einem anderen Falle ebensogut auf einem Kegel- oder Zylindermantel, kurz auf einer beliebigen Umdrehungsfläche liegen kann, so daß die Untersuchung allgemein gültig ist.

Fällt die Bahntangente in die Rollenebene, so findet solange keine relative Bewegung zwischen Rolle und Bahn, also auch kein Gleiten, sondern nur reines Abwälzen statt, als die durch den Anpressungsdruck P erzeugte Reibungskraft $P \cdot \mu$ größer ist als die durch die Bewegungswiderstände hervorgerufene Umfangskraft T an der Rolle. Dieser Fall entspricht dem Zustand des Geschwindigkeitsgleichgewichtes im Getriebeverband. Bezeichnet $\frac{d\gamma}{dt}$ die Winkelgeschwindigkeit der Rolle, sowie v_t ihre Umfangsgeschwindigkeit in Richtung der tangentialen Bahngeschwindigkeit der Planscheibe, so ist

$$27) \quad \varrho \cdot \frac{d\gamma}{dt} - v_t = 0$$

Bildet jedoch die Bahntangente mit der Ebene der Rolle einen Winkel β (Abb. 3), dann ist v_t die Resultierende aus den beiden Teilgeschwindigkeiten v_a in Richtung der Rollenachse und v_e in Richtung der Rollenebene, ein Zustand, wie er stets während der seitlichen Verschiebung der Rolle bei Messung ungleichförmiger Geschwindigkeit sich einstellt. Soll die Teilgeschwindigkeit nur rollend zurückgelegt werden, wie es unserer bisher gemachten Voraussetzung der zwangläufigen Bewegungsübertragung im Berührungspunkt entsprechen würde, so gibt v_a die Richtung der relativen Geschwindigkeit zwischen Rad und Bahn an.

Nach einem bisher von den Ingenieuren leider viel zu wenig beachteten Satz der technischen Mechanik, daß die Reibung zweier aufeinander gleitender Körper stets entgegengesetzt zur relativen Geschwindigkeit gerichtet ist, muß im vorliegenden Fall die Richtung der Reibung parallel zur Rollenachse verlaufen und zwar entgegengesetzt zu v_a; die Größe der Reibung ist zu

$$R = P \cdot \mu$$

bestimmt. Eine Teilkraft U der Reibung in Richtung der Rollenebene zur Überwindung einer Umfangskraft T an der Rolle kann dann nicht vorhanden sein, da $P \cdot \mu$ senkrecht zu T steht. Eine reibungslose Lagerung der Rolle ist aber mechanisch nicht aus-

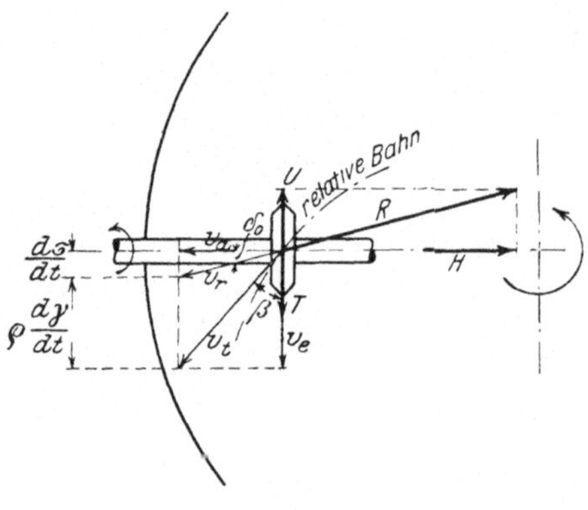

Abb. 3.

führbar, so daß auch T niemals ganz verschwinden kann, selbst wenn wir hier zunächst von den Widerständen im Gewinde der Rollennabe absehen. . Unsere Annahme, daß die Teilgeschwindigkeit v_e nur rollend zurückgelegt werden soll, muß daher abgeändert werden, da zur Aufrechterhaltung der Drehbewegung der Rolle unbedingt die Umfangskraft T durch eine entsprechend große Teilkraft U der Reibung R überwunden werden muß. Die Reibung R kann also nicht parallel zur Rollenachse gerichtet sein, sondern muß um einen Winkel δ gegen deren Richtung geneigt sein, folglich muß auch die relative Geschwindigkeit v_r stets den Winkel δ mit v_a bilden, was nur durch ein Gleiten um den Betrag σ in Richtung des Rollenumfanges ermöglicht wird.

Die Teilgeschwindigkeit v_e stellt sich als Summe aus der Umfangs-geschwindigkeit $\varrho \cdot \dfrac{d\gamma}{dt}$ und der Gleitgeschwindigkeit $\dfrac{d\sigma}{dt}$ dar.

$$28) \quad v_e = \varrho \frac{d\gamma}{dt} + \frac{d\sigma}{dt}$$

Da die Umfangskraft T durch die Bewegungswiderstände bestimmt ist, kann der Winkel δ und damit das Verhältnis der Gleitgeschwindigkeiten ermittelt werden. Aus dem Kräfte-dreieck folgt

$$29) \quad \sin \delta = \frac{-T}{P \cdot \mu}$$

andererseits ist aus dem Geschwindigkeitsdreieck

$$30) \quad \sin \delta = \frac{\dfrac{d\sigma}{dt}}{\sqrt{v_a^2 + \left(\dfrac{d\sigma}{dt}\right)^2}}$$

Durch Zusammenfassung beider Gleichungen und Auflösung nach $\dfrac{d\sigma}{dt}$ ergibt sich

$$31) \quad \frac{d\sigma}{dt} = \frac{-T}{\sqrt{(P\mu)^2 - T^2}} \cdot v_a$$

Für $T \geqq P \cdot \mu$ ist ein Antrieb der Rolle durch die Laufbahn bezw. Planscheibe nicht mehr möglich. Die Gleitgeschwindigkeit $\dfrac{d\sigma}{dt}$ ist proportional v_a, kann aber kein fest bestimmter Wert sein, da sich die Umfangskraft T mit den Bewegungswiderständen ändert.

Je nach dem Zweck des Reibungsgetriebes, das außer bei Geschwindigkeitsmessern auch sonst in zahlreichen Fällen Verwendung findet, wird die Reibung R entweder durch eine äußere Zwangskraft oder durch eine innere Kraft des Getriebeverbandes überwunden werden.

Der erste Fall liegt vor, wenn die Einstellung der Rolle unabhängig vom Getriebe erfolgt, wobei es natürlich nicht mehr selbsttätig wirkt, wie z. B. bei einem Planimeter. Die Über-windung der Reibung R bietet hier keine Schwierigkeiten und kommt für uns nicht weiter in Betracht. Erwähnt mag jedoch werden, daß gerade beim Planimeter, das vollkommene Rollbewegung in Richtung v_e zur Voraussetzung hat, gemäß Gleichung 31 stets ein Gleiten des Meßrädchens in Richtung des Umfanges auftreten muß, das, zwar an und für sich gering, im Vergleich zu dem rollend zurückgelegten Weg verhältnismäßig um so größer wird, je mehr die Bahntangente sich der Richtung der Grundlinie des Planimeters nähert. Um nicht allzuweit vom gesteckten Ziele abzukommen, soll hier nicht weiter auf diese bei einem Planimeter immerhin beachtenswerte Erscheinung näher eingegangen werden.

Bei den Geschwindigkeitsmessern muß die Einstellung der Rolle selbsttätig erfolgen, so daß zur Überwindung der Reibung R nur innere Kräfte des Getriebeverbandes zur Verfügung stehen, und zwar wird die Rolle durch die in ihre Ebene fallende Teilkraft U der Reibung R angetrieben, so daß ein Drehmoment $U \cdot \varrho$ zur Überwindung der zweiten axial gerichteten Teilkraft H und der übrigen noch auftretenden Bewegungswiderstände entsteht und die selbsttätige Querverschiebung der Rolle herbeiführt. Zur Erfüllung von Gleichung 31 muß die Umfangskraft T immer kleiner sein als die für den Antrieb zur Verfügung stehende Teilkraft U, was nur möglich ist, wenn ein Maschinenteil eingeschaltet ist, der die Bewegungswiderstände einschließlich der Teilkraft H so übersetzt, daß das Moment $T \cdot \varrho$ gleich oder kleiner dem Antriebsmoment $U \cdot \varrho$ bleibt. Im vorliegenden Fall ergeben Schraubenspindel und Rolle durch ihr Steigungsverhältnis

$$32) \quad \operatorname{tg} \alpha = \frac{h}{2 \pi \varrho}$$

das benötigte Übersetzungsverhältnis der Kräfte. Damit das Gleiten σ in der Umfangsrichtung der Rolle möglichst klein ausfällt, muß das Übersetzungsverhältnis entsprechend groß gewählt werden. Da keine Arbeit verloren gehen kann, so folgt, daß die Bewegungswiderstände einen kleinen, die Umfangskraft U einen großen Weg in der gleichen Zeit zurücklegen muß. Die seitliche Verschiebung der Rolle erfolgt daher um so langsamer, je größer das Übersetzungsverhältnis der Kräfte ist.

Eine kleine Schraubensteigung h und ein großer Rollendurchmesser sind also Voraussetzung für eine günstige Herabminderung des schädlichen Gleitens. Wir kommen damit auf die entgegengesetzte Forderung, wie sie im Anschluß an Gleichung 12 und 16 gefunden wurde.

Aus Gleichung 31 geht ferner hervor, daß die Größe von $\frac{d\sigma}{dt}$ auch durch die Teilgeschwindigkeit v_a beeinflußt wird. Je mehr der Winkel β, die Neigung der Bahntangente gegen die Rollenebene, abnimmt und sich dem Nullwert nähert, um so kleiner fällt das Gleiten in Richtung der Achse aus, bis es für $v_t = v^e$ verschwindet und reine Rollbewegung gestattet. Da der die Gleitgeschwindigkeit $\frac{d\sigma}{dt}$ bestimmende Winkel δ unabhängig von Winkel β ist, wird prozentual der Gleitverlust um so geringer, je größer v_e ist. Bei fast allen Anwendungen des Reibungsgetriebes für Geschwindigkeitsmesser ist deshalb die Rollenachse nach dem Krümmungsmittelpunkt der Laufbahn bezw. der Planscheibenachse gerichtet, so daß wenigstens für den Geschwindigkeitsgleichgewichtszustand reine Rollbewegung vorhanden ist.

Rückschauend finden wir, daß die besprochene Bauart des Reibungsgetriebes zwar auf jede noch so kleine Änderung der Bahngeschwindigkeit v_t und damit auf eine beliebige Änderung der zu messenden Geschwindigkeit ω ansprechen wird, daß aber gleichzeitig mit dem Auftreten einer axialen Verschiebung der Rolle ein Gleiten in ihrer Umfangsrichtung eintritt, das eine Verfälschung der Anzeige herbeiführt. Die Größe des Gleitens ist im wesentlichen durch die inneren Bewegungswiderstände und durch den herrschenden Geschwindigkeitsunterschied bedingt und daher stark veränderlich.

3. Einfluß des Gleitverlustes auf die Messung.

Die Anwendung des über die Reibung Gesagten auf den bereits besprochenen Geschwindigkeitsmesser ergibt, daß die Teilgeschwindigkeit in der Rollenebene

$$33)\quad v_e = \omega_1 \cdot y$$

und die Teilgeschwindigkeit v_a während einer seitlichen Verschiebung der Rolle durch

$$34)\quad v_a = \frac{dy}{dt}$$

beschrieben ist. Damit geht Gleichung 31 über in

$$35)\quad \frac{d\sigma}{dt} = \frac{-T}{\sqrt{(P\mu)^2 - T^2}} \cdot \frac{dy}{dt}$$

Zur Ermittlung der Umfangskraft T sind die hauptsächlichsten Bewegungswiderstände, aus denen sie sich zusammensetzt, aufzusuchen.

In Richtung der Rollenachse wirkt zunächst die zweite Teilkraft der Reibung

$$36)\quad H = P \cdot \mu \cdot \cos\delta = \sqrt{(P\mu)^2 - T^2}$$

ferner der mit K bezeichnete Widerstand der Schreib- und Zeigervorrichtung, schließlich die Trägheitskraft $m \cdot \dfrac{d^2 y}{dt^2}$ aller axialverschieblichen Massenteilchen. Die Belastung der Schraube in achsialer Richtung ist demnach

$$37)\quad Q = \sqrt{(P\mu)^2 - T^2} + K + m\frac{d^2 y}{dt^2}$$

Bezeichnet r den mittleren Halbmesser des Schraubengewindes und μ_s den Reibungskoeffizienten, dann muß nach einer bekannten Beziehung (C. Bach, die Maschinenelemente) das zur Überwindung obiger Kräfte und zur Drehung der Rolle aufzuwendende Drehmoment den Betrag

$$38)\quad M_r = Q \cdot r \frac{h + 2 \cdot r\pi \cdot \mu_s}{2 r\pi - h \cdot \mu_s}$$

annehmen. Weiterhin ist bei ungleichförmiger Bewegung noch ein Drehmoment zur Überwindung der Massenträgheit der Rolle $\Theta \dfrac{d^2\gamma}{dt^2}$ und der durch die Anpressungskraft P auf der Außenseite des Schraubengewindes erzeugten Reibung $P \cdot \mu_s \cdot r$ aufzuwenden. Wir finden daher

$$39)\quad T \cdot \varrho = P \cdot r \cdot \mu_s + \Theta\,\frac{d^2\gamma}{dt^2} + r\left(\frac{h + 2\,r\pi \cdot \mu_s}{2\,r\pi - h\mu_s}\right)$$
$$\cdot\left[\sqrt{(P\mu)^2 - T^2} + K + m\,\frac{d^2 y}{dt^2}\right]$$

Die Gleichung läßt sich nach T auflösen. In der Regel werden die beiden ersten Glieder der rechten Seite sowie $m \cdot \dfrac{d^2 y}{dt^2}$ einen derartig geringen Betrag ergeben, daß sie vernachlässigt werden können. Mit dieser Vereinfachung bestimmt sich dann T durch Auflösung zu:

$$40) \quad T = \frac{u}{u^2 + \varrho^2} \cdot \left[\varrho \cdot K \genfrac{}{}{0pt}{}{+}{(-)} \sqrt{(P\mu)^2 (u^2 + \varrho^2) - K^2 \cdot u^2} \right]$$

wobei zur Vereinfachung

$$41) \quad u = r \cdot \frac{h + 2\,r\,\pi \cdot \mu_s}{2\,r\,\pi - h \cdot \mu_s}$$

gesetzt wurde. Da die Kräfte H und K immer gleich gerichtet sind, kommt nur das $+$ Vorzeichen der Wurzel für den Absolutbetrag von T in Betracht.

Nachdem die Kraft T mit genügender Genauigkeit gefunden ist, sind wir in der Lage uns zunächst ein Bild über die Größe des Gleitens durch Integration der Gleichung 35 zu machen.

$$42) \quad \sigma = \sigma_0 - \frac{T}{\sqrt{(P\mu)^2 - T^2}} \cdot (y - y_0)$$

Der Gleitverlust σ ist außer von den Kräften T und $P\mu$ nur noch von der Strecke $y - y_0$, um welche die Rolle seitlich verschoben wurde, abhängig.

Weiterhin können die durch Gleichung 33 und 35 bestimmten Werte von v_e und $\frac{d\sigma}{dt}$ in Gleichung 28 eingesetzt werden.

$$43) \quad \frac{d\gamma}{dt} = \frac{1}{\varrho} \left[\omega_1 \cdot y + \frac{T}{\sqrt{(P\mu)^2 - T^2}} \cdot \frac{dy}{dt} \right]$$

Beachten wir, daß die für die Untersuchung der Reibungsverhältnisse benutzte Bezeichnung $\frac{d\gamma}{dt}$ für die Winkelgeschwindigkeit mit der früher benutzten Bezeichnung ω_2 übereinstimmt, so geht die Gleichung 9 durch Einsetzen des soeben gefundenen und hinsichtlich der Reibung berichtigten Wertes von ω_2 über in

$$44) \quad \omega = \frac{1}{\varrho} \left[\omega_1 \cdot y + \frac{T}{\sqrt{(P\mu)^2 - T^2}} \cdot \frac{dy}{dt} \right] + \frac{2\,\pi}{h} \cdot \frac{dy}{dt}$$

Setzen wir zur Vereinfachung der Schreibweise

$$45) \quad \frac{T}{\sqrt{(P\mu)^2 - T^2}} = \frac{A}{h}$$

so lautet die Differentialgleichung in der Normalform:

$$46) \quad -\left(\frac{2\,\varrho\,\pi + A}{h \cdot \omega_1}\right) \cdot \frac{dy}{dt} = y - \left(\frac{\varrho}{\omega_1}\right) \cdot \omega$$

Sie unterscheidet sich von Gleichung 11 nur durch eine Vergrößerung des Wertes λ infolge Hinzutretens der Größe A.

Für diesen erweiterten Wert von λ soll weiterhin die Bezeichnung λ_r benutzt werden,

$$47) \quad \lambda_r = \frac{2\,\varrho\,\pi + A}{h \cdot \omega_1}$$

um hervorzuheben, daß auch die Reibung berücksichtigt ist.

Um die Rechnung nicht zu sehr zu verwickeln, soll A als ein konstanter Wert betrachtet werden, was annähernd richtig ist, wenn man den ohnehin sehr geringen Einfluß der Trägheitskräfte auf die Größe T durch einen Mittelwert ersetzt denkt. Insbesondere ist dies der Fall, wenn es sich um Messung einer gleichförmig beschleunigten oder verzögerten Bewegung handelt. Da sich diese, wie bereits erwähnt, mit großer Genauigkeit erzeugen läßt, so dürfte sie vornehmlich zur vergleichsweisen Prüfung der Getriebe und insbesondere zur Ermittlung des Wertes A und damit des Gleitverlustes geeignet sein. Die Integralgleichung für eine derartige Bewegung haben wir in Gleichung 26 gefunden, nur ist noch der Wert λ durch λ_r zu ersetzen.

$$48) \quad y = \left(\frac{\varrho \cdot \varepsilon}{\omega_1}\right) \cdot t - \frac{\varrho\,\varepsilon}{\omega_1} \cdot \frac{2\,\varrho\,\pi + \dfrac{h \cdot T}{\sqrt{(P\mu)^2 - T^2}}}{h \cdot \omega_1} \cdot \left[1 - e^{-\dfrac{t \cdot h \cdot \omega_1}{2\,\varrho\,\pi + \dfrac{h \cdot T}{\sqrt{(P\mu)^2 - T^2}}}}\right]$$

Sowohl für $T \gtrless P\mu$ als auch für $K \cdot u \gtrless (P\mu) \cdot \sqrt{u^2 + \varrho^2}$ gemäß Gleichung 40 wird λ_r unendlich bzw. imaginär, so daß für diese Werte die Gleichung 48 ihre Gültigkeit verliert, da eine Querverschiebung der Rolle infolge ihrer Mitnahme durch die Schraubenspindel nicht mehr zustande kommt. Es muß dann die Steigung h verkleinert werden, bis sich ein günstiger Wert des Faktors λ_r ergibt. Zur besseren Veranschaulichung seien nachfolgende Zahlenwerte für die Rechnung benutzt.

$$\varepsilon = 2 \left(\frac{1}{\text{sec}^2}\right) \quad P = 0{,}5 \text{ kg} \quad \varrho = 0{,}75 \text{ cm} \quad \mu_s = 0{,}08$$

$$\omega_1 = 3 \left(\frac{1}{\text{sec}}\right) \quad K = 0{,}01 \text{ kg} \quad r_s = 0{,}15 \text{ cm} \quad \mu = 0{,}15$$

Zunächst ist mit Hilfe von Gleichung 41 das Umsetzungsverhältnis u zu errechnen, mit dessen Hilfe aus Gleichung 40 der Wert T und hierauf aus Beziehung 45 der von A gefunden wird. Gleichung 47 ergibt die Größe von λ_r so daß dann alle Zahlengrößen, die zur Auswertung der durch Gleichung 48 gegebenen Integralkurve benötigt werden, ermittelt sind.

Zur besseren Veranschaulichung des Einflusses von λ bzw. λ_r ist in den nachstehenden Zahlentafeln die Berechnung für drei verschiedene Werte der Steigung h und zwar für $0,7 \cdot \pi$ cm; π cm und $1,3 \cdot \pi$ cm erfolgt. Außerdem sind noch unter Benutzung von Gleichung 48 einzelne Kurvenpunkte y_r der Geschwindigkeitskurve berechnet und zum Vergleich auch die entsprechenden Kurvenpunkte y, wie sie sich unter Vernachlässigung der Reibung und unter Voraussetzung einer zwangläufigen Bewegungsübertragung gemäß Gleichung 26 ergeben würden, herangezogen.

	I. $h = 0,7 \cdot \pi$ cm	II. $h = \pi$ cm	III. $h = 1,3 \cdot \pi$ cm
u	0,44508 cm	0,69818	1,01325
T	0,04251 kg	0,05584	0,06471
A	1,51614 cm	3,50430	6,97145
λ_r	0,95860 sec	0,87179	0,95358
λ	0,72511 sec	0,49989	0,38461

Die Integralgleichungen lauten:

I. für $h = 0,7 \cdot \pi$ cm

$$y_r = 0,5\, t + 0,4793025 \cdot e^{-\frac{t}{0,95860}} - 0,4793025$$

$$y = 0,5\, t + 0,362555 \cdot e^{-\frac{t}{0,72511}} - 0,362555$$

II. für $h = \pi$ cm

$$y_r = 0,5\, t + 0,435895 \cdot e^{-\frac{t}{0,87179}} - 0,435895$$

$$y = 0,5\, t + 0,249945 \cdot e^{-\frac{t}{0,49989}} - 0,249945$$

III. für $h = 1,3 \cdot \pi$ cm

$$y_r = 0,5\, t + 0,476792 \cdot e^{-\frac{t}{0,95358}} - 0,476792$$

$$y = 0,5\, t + 0,192307 \cdot e^{-\frac{t}{0,38461}} - 0,192307$$

Einzelne Kurvenpunkte:

I. $h = 0{,}7 \cdot \pi$

t	$e^{-\frac{t}{\lambda_r}} \cdot 0{,}47930$	y_r	$0{,}3625 \cdot e^{-\frac{t}{\lambda}}$	y	y'	$\frac{y'-y_r}{y'}\,\%$	$\frac{y'-y}{y'}\,\%$
1	0,168877	0,189575	0,091294	0,228739	0,5	62,2 %	54,5 %
2	0,059502	0,580200	0,022989	0,660434	1	41,9	34,0
4	0,007386	1,528084	0,001457	1,638902	2	23,6	18,1
8	0,000001	3,520698	0,000008	3,637450	4	12,0	9,1
16	0,0.....	7,520697	0,0.....	7,637445	8	6,0	4,5

II. $h = \pi$

t	$0{,}435895 \cdot e^{-\frac{t}{\lambda_r}}$	y_r	$0{,}249945 \cdot e^{-\frac{t}{\lambda}}$	y	y'	$\frac{y'-y_r}{y'}\,\%$	$\frac{y'-y}{y'}\,\%$
1	0,13478	0,19888	0,033811	0,283866	0,5	60,2 %	43,3 %
2	0,043961	0,60806	0,004573	0,754629	1	39,2	24,5
4	0,004433	1,56854	0,000083	1,750138	2	21,5	12,5
8	0,000045	3,56415	0,000000	3,750055	4	10,8	6,2
16	0,0.....	7,56410	0,0.....	7,750055	8	5,4	3,1

III. $h = 1{,}3 \cdot \pi$

t	$0{,}476792 \cdot e^{-\frac{t}{\lambda_r}}$	y_r	$0{,}192307 \cdot e^{-\frac{t}{\lambda}}$	y	y'	$\frac{y'-y_r}{y'}\,\%$	$\frac{y'-y}{y'}\,\%$
1	0,167070	0,190278	0,014283	0,321976	0,5	62,0 %	35,5 %
2	0,058543	0,581751	0,001060	0,808753	1	41,9	19,2
4	0,007188	1,530306	0,000023	1,807695	2	23,5	9,7
8	0,0.....	3,523208	0,0.....	3,807693	4	12,2	4,8
16	0,0.....	7,523208	0,0.....	7,807693	8	6,1	2,4

Um die Abweichungen der einzelnen Werte untereinander besonders hervortreten zu lassen, ist eine möglichst große Beschleunigung, wie sie im Betriebe wohl kaum in Frage kommt, gewählt worden. Hierdurch ist hauptsächlich das schlechte Ergebnis der Anzeige bei Beginn der Bewegung begründet. Es ist deutlich zu sehen, wie die nach Gleichung 26 gefundenen Werte von y mit wachsender Steigung und zunehmendem Werte von λ sich verbessern, und wie ungünstig gegenüber diesen theoretischen Werten sich der Einfluß der Reibung durch die stark abweichenden Werte y_r zeigt. Die Größe λ_r wächst nicht proportional mit der Steigung, sondern hat in der Nähe von $h = \pi$ cm ein Minimum. Da mit zunehmender Steigung die durch Gleichung 36 gegebene zweite Teilkraft H der Reibung rasch zunimmt, so wird der günstige Einfluß einer großen Steigung auf den Wert von λ_r durch die Annäherung von T an $P\mu$ wieder ausgeglichen, so daß für $T \geqq P\mu$ ein vollständiges Abbremsen der Reibrolle eintritt.

Ebenso kann durch eine Verkleinerung von μ oder durch eine Vergrößerung des Schreibzeug- oder Zeigerwiderstandes eine ungünstige Annäherung von T an $P\mu$ verursacht werden.

Zur weiteren Vervollständigung des Zahlenbeispiels soll angenommen sein, daß die gleichförmig beschleunigte Bewegung nach 16 Sekunden in eine solche mit gleichförmiger Geschwindigkeit übergehe, deren Betrag zu

$$49) \quad \omega' = \varepsilon \cdot t_0 = 2 \cdot 16 = 32 \left(\frac{1}{\text{sec}}\right)$$

gefunden wird. In Abb. 4 ist die Kurve der wahren Geschwindigkeitsanzeige y' strichpunktiert zum Vergleich eingetragen. Die Kurve der y und y_r ist dagegen nur für den günstigsten Wert bei π cm Steigung angegeben.

Nach Gleichung 17a findet nur asymptotische Annäherung der y-Kurve an die Gerade y' für die gleichförmige Geschwindigkeit statt. Für praktische Zwecke genügt es jedoch, wenn y sich bis auf rund 0,1 mm dem Gleichgewichtswerte genähert hat, also den Wert

$$50) \quad y = \frac{\varrho \cdot \varepsilon}{\omega_1} \cdot t_0 - 0{,}01$$

angenommen hat. Die hierfür benötigte Zeit findet sich aus Gleichung 17 zu

$$51) \quad t = t_0 - \lambda \cdot ln \left(\frac{\dfrac{\varrho\,\varepsilon}{\omega_1} \cdot t_0 - 0{,}01 - \dfrac{\varrho}{\omega_1} \cdot \omega'}{y^{16} - \dfrac{\varrho}{\omega_1} \cdot \omega'} \right)$$

$$\text{bezw.} \quad \widehat{t} = t_0 - \lambda_r \cdot ln \left(\frac{\dfrac{\varrho\,\varepsilon}{\omega_{\prime}} \cdot t_0 - 0{,}01 - \dfrac{\varrho}{\omega_{\prime}} \cdot \omega'}{y_r^{16} - \dfrac{\varrho}{\omega_{\prime}} \cdot \omega'} \right)$$

In nachstehenden Zahlentafeln sind die Werte für die drei verschiedenen Steigungen ermittelt.

h	t	$\widehat{t}$
$0,7 \cdot \pi$	$16 + 2,334$	$16 + 3,708$
π	$16 + 1,795$	$16 + 3,291$
$1,3 \cdot \pi$	$16 + 1,136$	$16 + 3,685$

Unter Benutzung der Gleichung 17 a sind noch nachstehende drei Punkte der Übergangskurve für $h = \pi$ cm Steigung ermittelt.

t	y	y_r
16,5	7,90807	7,75435
17	7,96631	7,86169
17,5	7,98756	7,92199

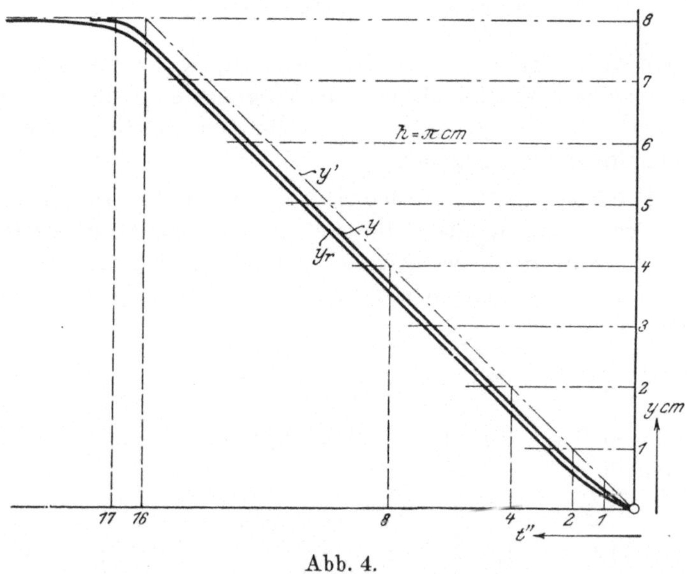

Abb. 4.

Aus Abb. 4 ist der Verlauf der angezeigten Kurve y_r im Verhältnis zu den wahren Geschwindigkeitswerten zu ersehen. Hat man durch Versuche die Kurve gefunden, und kennt außerdem auf Grund der Versuchsbedingungen die Kurve der wahren Geschwindigkeiten, so läßt sich mit Hilfe der in Abb. 2 gegebenen Konstruktion die Größe von λ_r, die einen Rückschluß auf die Reibungsverhältnisse gestattet, feststellen.

Rückschauend finden wir, daß die besprochene Bauart des Geschwindigkeitsmessers mit Reibungsgetriebe zwar auf jede noch so kleine Änderung der zu messenden Geschwindigkeit anspricht, daß aber gleichzeitig mit dem Auftreten einer axialen Verschiebung der Rolle ein Zurückbleiben in der Anzeige eintritt, das außerdem durch ein Gleiten der Rolle in ihrer Umfangsrichtung vergrößert wird. Die Größe des Gleitens ist im wesentlichen durch die inneren Bewegungswiderstände und den herrschenden Geschwindigkeitsunterschied bedingt und daher stark veränderlich.

4. Einfluß einer Verschiebung der Nullage und Ersatz der Planscheibe durch einen Kegel.

Um dem Übelstand des zeitlichen Nacheilens der Anzeige abzuhelfen, wird in der deutschen Patentschrift D.R.P. Nr. 174196

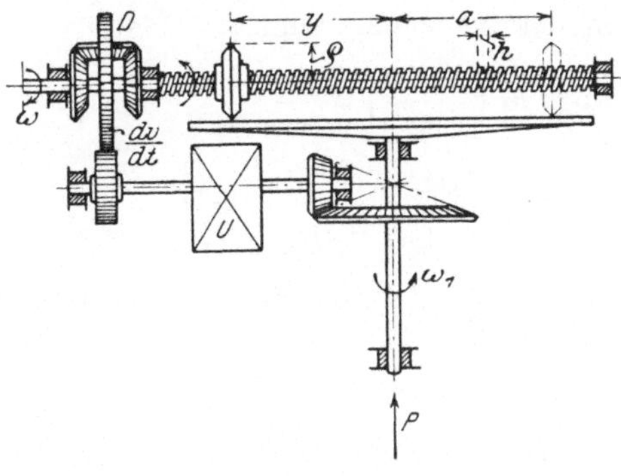

Abb. 5.

von G. Meyer in Dresden 1905 vorgeschlagsn, die der Nullage des Zeigers entsprechende Stellung der Reibrolle nicht mit dem Planscheibenmittelpunkt zusammenfallen zu lassen, sondern, wie in Abb. 5 angegeben, um eine Strecke a über den Mittelpunkt hinaus nach der entgegengesetzten Seite zu verlegen und mit Hilfe eines weiteren Differentialgetriebes D eine der zu messenden Geschwindigkeit entgegengesetzt gerichtete aber gleichförmige Geschwindigkeit v von dem Werte

$$52)\qquad v = -\frac{\omega_1}{\varrho}\cdot a$$

einzuleiten, so daß eine Verschiebung des Nullpunktes um $y = - a$ erreicht ist. Die Winkelgeschwindigkeit der Schraubenspindel unterscheidet sich daher stets um den Betrag ν von der zu messenden Geschwindigkeit. Die Differentialgleichung nimmt hierfür die Form an:

$$53) \quad -\lambda_r \cdot \frac{dy}{dt} = y_r + a - \frac{\varrho}{\omega_1} \cdot \omega$$

Der durch $y + a$ gegebene Abstand vom Nullpunkt bedingt keine Änderung im Bau der Differentialgleichung, so daß auch hier das gleiche Verhalten des Getriebes wie bei dem vorher besprochenen zu erwarten ist.

So ist z. B. für den Übergang zur Nullage:

$$54) \quad -\lambda_r \cdot \frac{dy}{dt} = y_r + a$$

Durch Integration der Gleichung folgt:

$$55) \quad ln\left(\frac{y_r + a}{y_0 + a}\right) = - \frac{t - t_0}{\lambda_r}$$

oder

$$y_r = (y_0 + a) \cdot e^{-\frac{t - t_0}{\lambda_r}} - a$$

Die Nullage wird erreicht, wenn die Exponentialfunktion verschwindet, was nur für

$$t = + \infty$$

der Fall ist. Wir erhalten also auch hier asymptotische Annäherung an die Nullage. Zum Unterschied gegen früher ist jedoch die Relativbahn des Berührungspunktes auf der Planscheibe hier eine sich erweiternde logarithmische Spirale, die sich in immer mehr einander nähernden Windungen dem mit dem Halbmesser a beschriebenen Nullkreis von innen nähert.

Ferner ist noch der Fall möglich, daß bei beschleunigter Bewegung von einer Stellung $y < 0$ aus oder bei verzögerter Bewegung von einer Stellung $y > 0$ aus beginnend die zu messende Geschwindigkeit in eine gleichförmige Geschwindigkeit

$$56) \quad \omega = \frac{\omega_1}{\varrho} a = \nu$$

übergeht. Dann muß die Schraubenspindel still stehen, da sich die beiden eingeleiteten und entgegengesetzten Geschwindigkeiten ω und ν aufheben.

Da diese Lage einem Gleichgewichtszustand entspricht, muß ebenfalls asymptotische Annäherung eintreten.

$$57) \quad -\lambda_r \frac{dy}{dt} = y_r$$

oder in Integralform:

$$58) \quad y_r = y_0 \cdot e^{-\frac{t}{\lambda_r}}$$

Wir erhalten also außer der kreisförmigen Asymptote des Nullkreises noch den Planscheibenmittelpunkt als festliegende Asymptote, im Gegensatz zu den beliebigen Gleichgewichtslagen entsprechenden Kreisbahnen, die selbstverständlich ebenfalls als Asymptoten für die jeweilige Geschwindigkeit auftreten.

Es zeigt sich also, daß gegen die frühere Anordnung nichts erreicht ist, und der in der Patentschrift angegebene Vorteil der seitlichen Verlegung des Nullpunktes auf einem Trugschluß beruht.

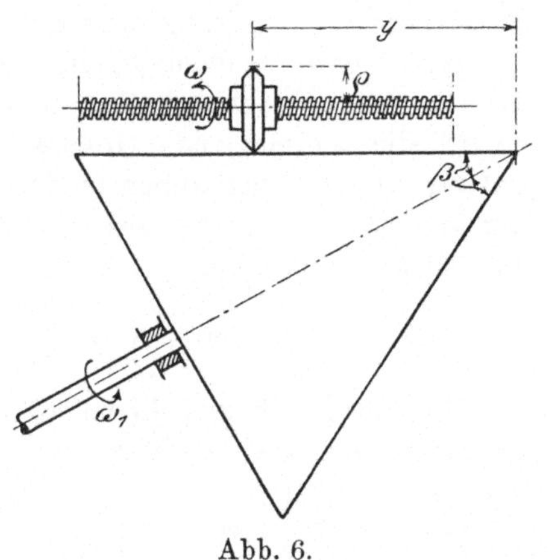

Abb. 6.

In dem kinematischen Verhalten tritt ferner keine Änderung ein, wenn statt der Planscheibe ein Kegelmantel (Abb. 6) gemäß den deutschen Patentschriften Nr. 27592 von A. Campbell und W. Th. Goolden in London 1883 und Nr. 181268 von A. Beresnikoff, Stockholm und M. Tetschkowsky, Moskau, gewählt wird.

Ist β der halbe Öffnungswinkel des Rotationskegels, so gilt unter Beibehaltung der früheren Bezeichnungen:

$$59) \quad -\lambda_r \frac{dy}{dt} = y_r \cdot \sin \beta - \frac{\varrho}{\omega_1} \cdot \omega$$

Da $\sin \beta$ für ein Instrument ein konstanter Wert ist, hat sich an der Differentialgleichung nichts Wesentliches geändert. Das früher Gesagte gilt in vollem Umfange auch hier. Erwähnt mag werden, daß die Kegelspitze für die Erreichung der Nullage ungünstiger ist als der Mittelpunkt der Planscheibe, da infolge der mit der Anpreßkraft P verbundenen Durchferderung der Schraubenspindel und Kegelachse leicht ein Abgleiten der Rolle eintreten kann.

5. Vertauschung von bekannter und zu messender Geschwindigkeit, Einbau eines besonderen Antriebes für die Reibrolle.

Ein weiterer Ausbau der Anordnung erfolgte vornehmlich durch die von Dr. O. Junghans auf einzelne wichtige Elemente des Instrumentes genommene Patente D.R.P. Nr. 185976 und 206096.

Der in Abb. 1 gegebene Aufbau des Getriebes bleibt bestehen, nur wird die zu messende Geschwindigkeit in die Planscheibe eingeleitet und die Schraubenspindel durch das Uhrwerk gleichförmig angetrieben. Es ist also eine Vertauschung von ω und ω_1 erfolgt, so daß Gleichung 9 lautet:

$$60) \quad \omega_1 = \omega_2 + \frac{d\,a_3}{dt}$$

Da die Gleichungen 8 und 43 unverändert bestehen bleiben, geht die vorstehende Beziehung über in

$$61) \quad \omega_1 = \frac{1}{\varrho} \cdot \left[\omega \cdot y + \frac{T}{\sqrt{(P\mu)^2 - T^2}} \cdot \frac{dy}{dt} \right] + \frac{2 \cdot \pi}{h} \cdot \frac{dy}{dt}$$

Die Normalform der Differentialgleichung

$$62) \quad -\left(\frac{2\,\varrho\,\pi + A}{h \cdot \omega} \right) \cdot \frac{dy}{dt} = y - \frac{\varrho \cdot \omega_1}{\omega}$$

unterscheidet sich von Gleichung 46 nur durch die Vertauschung von ω und ω_1.

Im Gegensatz zu den bisher besprochenen Anordnungen ist für den Geschwindigkeitsgleichgewichtszustand

$$63) \quad y = \frac{\omega_1 \cdot \varrho}{\omega}$$

die Entfernung y der Reibrolle vom Planscheibenmittelpunkt umgekehrt proportional der gemessenen Geschwindigkeit, so daß der durch $\omega = 0$ bestimmte Nullpunkt im Unendlichen liegt. Mit Rücksicht auf die begrenzte Abmessung der Planscheibe geht der für die Messung veränderlicher Geschwindigkeit wertvolle Teil in der Nähe der Nullage verloren.

Die mit der Rollennabe verbundene Übertragungsvorrichtung des Zeigerwerkes hat die geometrische Bedingung zu erfüllen, die der zu messenden Geschwindigkeit umgekehrt proportionale Einstellung der Rolle in eine proportionale Zeigerangabe zu verwandeln. In der Literatur ist über die Bauart dieser Zeigervorrichtung nichts Näheres zu finden, nur aus einigen Abbildungen in „Geschwindigkeitsmesser von Pflug, 1908" sowie in „die Geschwindigkeitsmesser an Automobilen von W. v. Molo 1908" kann geschlossen werden, daß für die Übertragung eine spiralförmige Kurvenscheibe benutzt wird, deren geometrische Abmessungen durch

$$64)\quad r \cdot \varphi = C$$

mit $r = a \cdot y$ als hyperbolische Spirale bestimmt wären, wobei der Ausschlagwinkel

$$65)\quad \varphi = \left(\frac{C}{a \cdot \varrho \cdot \omega_1}\right) \cdot \omega$$

die verlangte Bedingung erfüllt. Die Größen C und a sind aus dem gewünschten Maßstabe der Zeigervorrichtung zu bestimmen.

Mit Rücksicht auf die endliche Abmessung y_0 der Planscheibe beginnt die Anzeige erst, wenn die zu messende Geschwindigkeit den Betrag

$$66)\quad \omega_0 = \frac{\omega_1 \cdot \varrho}{y_0}$$

erreicht hat. Bis zu dieser Grenze hat die Differentialgleichung keine Gültigkeit, da das Getriebe nicht in Tätigkeit tritt. Die Zeit t darf daher erst von diesem Augenblick ab gerechnet werden, was einer Verschiebung der Ordinatenachse um y_0 entspricht. An Hand früherer Gleichungen läßt sich auch hier asymptotische Annäherung an die Gleichgewichtslagen nachweisen, wobei man auf die Form der Gleichung 16 geführt wird.

Für die Integration der Differentialgleichung soll wieder gleichförmig beschleunigte Bewegung zugrunde gelegt werden.

$$67)\quad \omega = \omega_0 + \varepsilon \cdot t$$

Hierdurch wird die Differentialgleichung wieder linear.

$$68) \quad -\frac{2\,\varrho\,n + A}{h\,(\omega_0 + \varepsilon \cdot t)} \cdot \frac{dy}{dt} = y - \frac{\omega_1 \cdot \varrho}{\omega_0 + \varepsilon \cdot t}$$

Der integrierende Faktor ermittelt sich in bekannter Weise zu

$$69) \quad \frac{1}{y} = e^{\frac{h}{2\,\varrho\,n + A} \cdot \left[\omega_0\,t + \varepsilon \cdot \frac{t^2}{2}\right]} = e^{\chi}$$

Das bestimmte Integral der Gleichung lautet dann:

$$70) \quad \left[y \cdot e^{\chi}\right]_{y_0,\,t_0}^{y,\,t} = \frac{\varrho \cdot h \cdot \omega_1}{2\,\varrho\,\pi + A} \cdot \int_{t_0}^{t} \cdot e^{\chi} \cdot dt$$

oder in aufgelöster Form

$$71) \quad y = y_0 \cdot e^{\chi_0 - \chi} + \frac{\varrho \cdot h \cdot \omega_1}{2\,\varrho\,n + A} \cdot e^{-\chi} \cdot \int_{t_0}^{t} \cdot e^{\chi} \cdot dt$$

Das bestimmte Integral der rechten Seite läßt sich nicht in einen geschlossenen Ausdruck umformen. Im allgemeinen wird es genügen, den Wert auf zeichnerischem Wege durch Ermittlung des Flächeninhaltes der Kurve

$$Z = e^{\chi}$$

mit der Zeitachse zwischen den Grenzen t_0 und t zu bestimmen. Für t_0 und t gleich Null wird das Integral ebenfalls zu Null und damit

$$y = y_0$$

Für den Unendlichkeitswert von t wird dagegen

$$72) \quad \lim_{t\,=\,\infty} y = 0 + \frac{\infty}{\infty} = 0 + \frac{e^{\chi} \cdot dt}{\chi \cdot e^{\chi} \cdot dt} = 0$$

so daß der Planscheibenmittelpunkt einer unendlich großen Geschwindigkeit entsprechen muß. Die Annäherung erfolgt hierbei wieder asymptotisch, da diese Grenzlage als ein Gleichgewichtszustand aufzufassen ist. Je größer die zu messende Geschwindigkeit wird, um so geringer wird die Verschiebung der Rolle für gleich große Geschwindigkeitsstufen, um so schwieriger aber auch die Messung, da deren mechanischer Ausführung durch den stark wachsenden Einfluß von Spielräumen, insbesondere im Schraubengewinde und in der Kurvenscheibe des Zeigerwerkes eine Grenze nach obenhin gezogen ist. Bei den sehr nahe aneinander liegenden Werten von y für große Geschwindigkeiten wird ein selbst geringer Fehler in der Einstellung eine merkbare Abweichung gegenüber den wirklichen Geschwindigkeitswerten y' herbeiführen.

Es zeigt sich, daß auch diese Anordnung theoretisch keine wesentlichen Vorzüge gegenüber den bereits besprochenen bietet. Erst durch das nachträgliche und bereits erwähnte Patent Nr. 206096 gelang es Herrn Dr. O. Junghans, eine Verbesserung, gemäß Abb. 7, zur weitgehenden Beseitigung des schädlichen Einflusses der Reibung wenigstens für die Messung einer beschleunigten Bewegung einzuführen.

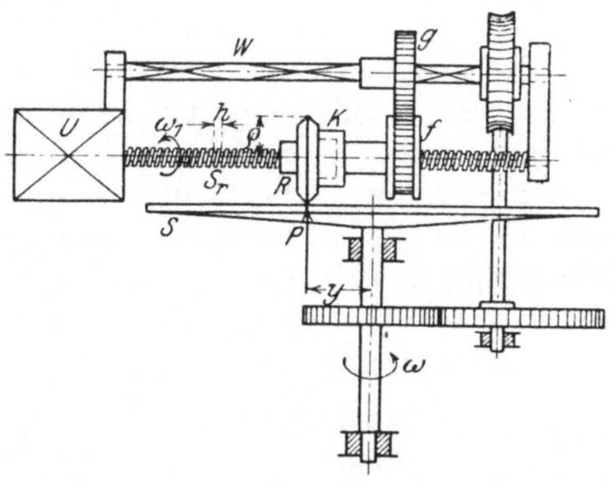

Abb. 7.

Von der Planscheibe S aus wird vermittels eines Zahnradvorgeleges eine Welle W angetrieben, auf der ein Zahnrad G sich seitlich so verschieben kann, daß es in steter Verbindung mit dem auf der Rollennabe sitzenden Zahnrad f auch während dessen seitlicher Verschiebung bleibt. Das Zahnrad f ist jedoch nicht fest mit der Rollennabe verbunden, sondern kann sich frei um diese drehen und übt unter Vermittlung einer Reibungskupplung K auf die Reibrolle R ein im Sinne der Rollendrehung gerichtetes Moment M_k aus. Um dies zu ermöglichen, muß das Übersetzungsverhältnis φ zwischen dem Zahnrad f und der Planscheibe S so bemessen sein, daß die Winkelgeschwindigkeit des Zahnrades f immer größer ist, als die der Rolle R.

$$73) \quad \frac{d\zeta}{dt} > \frac{d\gamma}{dt}$$

wenn $\dfrac{d\zeta}{dt}$ die Winkelgeschwindigkeit des Rades f ist. Weiterhin folgt durch Einsetzen der Werte die Ungleichung

$$\varphi \cdot \omega > \frac{\omega}{\varrho} \cdot y$$

$$74) \quad \varphi > \frac{y}{\varrho}$$

Damit die Rolle immer einen Antrieb durch die Reibungskupplung erhält, muß

$$\varphi > \frac{y_0}{\varrho}$$

sein, wenn y_0 den größten zur Messung benutzbaren Halbmesser der Planscheibe, wie bereits früher erwähnt, bezeichnet. Um ein Durchziehen der Rolle mit der größeren Geschwindigkeit der Reibungskupplung zu verhüten, vielmehr die Bewegung der Rolle nach wie vor durch die tangentiale Bahngeschwindigkeit der Planscheibe im Berührungspunkt zu bestimmen, muß das Moment M_k kleiner sein als das von der Reibungskraft ausgeübte Moment.

$$75) \quad M_k < (P\mu) \cdot \varrho$$

Bei der Messung einer beschleunigten Geschwindigkeit, die mit seitlicher Verschiebung der Rolle verbunden ist, hat das Moment M_k das Moment der Bewegungswiderstände T' zu überwinden, muß also größer sein als diese. Im Berührungspunkt entsteht dann eine von der Rolle ausgeübte Umfangskraft

$$\frac{1}{\varrho}\,(M_k - T' \cdot \varrho)$$

die ein Gleiten σ' im entgegengesetzten Sinn wie früher zur Folge hat, da die Teilkraft U der Reibung keine Bewegungswiderstände mehr zu überwinden hat und eine schnellere Umdrehung der Rolle, als der tangentialen Umfangsgeschwindigkeit der Planscheibe entspricht, zuläßt, bis die durch Zusammensetzung von $\dfrac{d\sigma'}{dt}$ und $\dfrac{dy}{dt}$ entstehende Relativgeschwindigkeit v_r' eine derartige Richtung angenommen hat, daß das durch die Teilkraft U der Reibung hervorgerufene Moment $U' \varrho$ dem Moment $M_k - T' \cdot \varrho$ das

Gleichgewicht hält (Abb. 8). Gleichung 35 nimmt somit nachstehende Form an

$$76) \quad \frac{d\sigma}{dt} = - \frac{\dfrac{M_k}{\varrho} - T'}{\sqrt{(P\mu)^2 - \left(\dfrac{M_k}{\varrho} - T'\right)^2}} \cdot \frac{dy}{dt}$$

Die Umfangsgeschwindigkeit der Rolle $\varrho \cdot \omega_2$ ist jetzt die resultierende Geschwindigkeit aus $\dfrac{d\sigma}{dt}$ und v_e

$$77) \quad v_e + \frac{d\sigma}{dt} = \varrho \cdot \omega_2$$

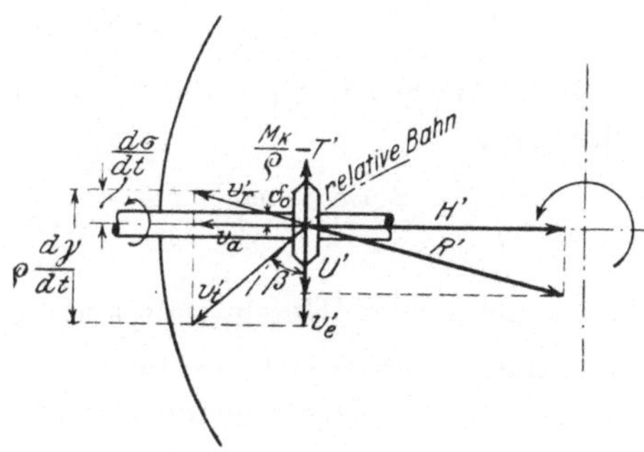

Abb. 8.

oder

$$\omega \cdot y - \frac{\dfrac{M_k}{\varrho} - T'}{\sqrt{(P\mu)^2 - \left(\dfrac{M_k}{\varrho} - T'\right)^2}} \cdot \frac{dy}{dt} = \varrho \cdot \omega_2$$

Durch Einsetzen dieses Wertes in Gleichung 60 erhält man durch Umformen die Normalform der Differentialgleichung:

$$78) \quad -\left(\frac{(2\,\varrho\,\pi - A')}{h \cdot \omega}\right) \cdot \frac{dy}{dt} = y - \frac{\varrho \cdot \omega_1}{\omega}$$

Der große Wert der Verbesserung des Instrumentes infolge besonderen Antriebes der Reibrolle kommt im negativen Vorzeichen der Größe A' zum Ausdruck. Wir haben es jetzt in der Hand, durch eine entsprechende Wahl des Momentes M_k

$$79) \quad A' = 2\,\varrho\,\pi$$

zu machen und so den Wert λ zum Verschwinden zu bringen. Auf Grund der früheren Erörterungen bedeutet dies die Herbeiführung einer genauen Messung für jede beliebige gleichförmige oder zunehmende Geschwindigkeit, da der durch die linke Seite der Differentialgleichung zum Ausdruck gebrachte Fehlbetrag den Nullwert angenommen hat.

Auch in diesem Falle behält die Geschwindigkeit $\dfrac{dy}{dt}$, mit der die Rolle seitlich verschoben wird, einen endlichen Wert, der durch Differentiation der Gleichung 78 nach der Zeit gefunden wird.

$$\left(\frac{dy}{dt}\right)_{\lambda\,=\,0} = -\frac{y}{\omega}\cdot\frac{d\omega}{dt} = -\frac{\varrho\cdot\omega_1}{\omega^2}\cdot\frac{d\omega}{dt}$$

Durch Einsetzen dieses Wertes in Gleichung 76 erkennt man, daß die Gleitgeschwindigkeit

$$\frac{d\sigma}{dt} = \left[\frac{2\,\varrho\,\pi}{h}\cdot\varrho\cdot\frac{\omega_1}{\omega^2}\right]\cdot\frac{d\omega}{dt}$$

proportional der zu messenden Geschwindigkeitsänderung wird.

Durch Zurückgreifen auf Gleichung 45 läßt sich die vorstehende Beziehung 79 in die nachfolgende Gestalt bringen.

$$2\,\varrho\,\pi = \frac{h\left(\dfrac{M_k}{\varrho} - T'\right)}{\sqrt{(P\mu)^2 - \left(\dfrac{M_k}{\varrho} - T\right)^2}}$$

oder

$$80)\quad M_k = \varrho\left[T + \frac{P\mu}{\sqrt{\left(\dfrac{h}{2\,\varrho\,\pi}\right)^2 + 1}}\right]$$

Der Wert von T' wird mit Hilfe von Gleichung 39 gefunden. Hierbei ist zu beachten, daß die zweite Teilkraft der Reibung nach Gleichung 36 jetzt durch

$$81)\quad H = P\mu\,\cos\delta = \sqrt{(P\mu)^2 - \left(\frac{M_k}{\varrho} - T'\right)^2}$$

bestimmt ist. Unter Vernachlässigung derselben kleinen Werte wie früher finden wir

$$82)\quad T'\cdot\varrho = u\left[\sqrt{(P\mu)^2 - \left(\frac{M_k}{\varrho} - T'\right)^2} + K\right]$$

Durch Auflösen nach $\dfrac{M_k}{\varrho} - T'$ und Zusammenfassung mit Gleichung 80 folgt

$$83)\quad T'\cdot\varrho = u\left[K \pm \frac{h}{\sqrt{h^2 + (2\,\varrho\,\pi)^2}}\cdot P\mu\right]$$

Mit Hilfe dieses Zwischenwertes errechnet sich der Wert von M_k zu

$$84)\quad M_k = u\cdot K + \left[\frac{2\cdot\varrho^2\pi + uh}{\sqrt{h^2 + (2\,\varrho\,\pi)^2}}\right]\cdot P\mu$$

Aus dem bereits im Anschluß an Gleichung 40 aufgeführten Grunde muß auch hier das Vorzeichen der Quadratwurzel positiv genommen werden.

Das durch die Reibungskupplung zu übertragende Moment M_k kann nur innerhalb enger Grenzen, die lediglich durch geringe Veränderungen des Schreibzeugwiderstandes K oder der Werte μ bezw. μ_s für die gleitende Reibung bedingt sind, schwanken. Es erscheint also möglich, durch sorgfältige Einstellung der Reibungskupplung den Fehlbetrag $\left(\lambda\dfrac{dy}{dt}\right)$ innerhalb sehr kleiner Grenzen zu halten und eine entsprechend gute Genauigkeit der Messung zu erzielen. Selbstverständlich setzt ein derartiger Geschwindigkeitsmesser eine peinlich genaue Herstellung des mechanischen Teiles voraus, wenn das Drehmoment der Reibungskupplung auch bei starker Inanspruchnahme sich längere Zeit unverändert erhalten soll. Es soll nicht unerwähnt bleiben, daß in der erwähnten Patentschrift Nr. 206096 nur der Antrieb der Rolle bei Erschütterungen des Fahrzeuges und dergl., wobei der Reibungsschluß mit der Planscheibe nicht gesichert ist, als Zweck der Verbesserung angegeben ist.

Tritt jedoch eine Verzögerung während der Messung auf, dann ist das von der Reibungskupplung auf die Rolle ausgeübte Moment M_k mit dem der Bewegungswiderstände gleich gerichtet, so daß die Umfangskraft der Rolle im Berührungspunkt den Wert

$$\frac{1}{\varrho}\,[M_k + T'\cdot\varrho]$$

annimmt, die ein verstärktes Gleiten σ'' erzeugen muß. In Gleichung 62 nimmt dann A den Wert

$$A'' = \frac{h\left(\dfrac{M_k}{\varrho} + T'\right)}{\sqrt{(P\mu)^2 - \left(\dfrac{M_k}{\varrho} + T'\right)^2}}$$

an. Um in den verschiedenen Stellungen der Reibrolle möglichst gleich große Reibungskoeffizienten zu erhalten, ist es nach Ansicht des Verfassers empfehlenswert, die Oberfläche der Planscheibe und den Umfang der Rolle möglichst glatt auszuführen. Von den ausführenden Firmen wird dagegen sehr häufig eine feine Riffelung dieser beiden Reibungselemente vorgezogen, um einen größeren Reibungsbeiwert zu erzielen. Für Messung von gleichmäßiger Geschwindigkeit mag dies Vorteile haben, bei ungleichförmiger Bewegung kann jedoch zunächst die Richtung der Reibung und damit die Größe des Fehlbetrages thoretisch nicht genau erfaßt werden, nur durch Versuche kann hier Klarheit geschaffen werden.

Zusammenfassend ergibt sich, daß der Meßbereich des Junghans-Messers durch die Vertauschung der beiden Geschwindigkeiten ω und ω_1 gegenüber den früheren Bauarten eingeschränkt wurde und nur von einer durch die Abmessung der Planscheibe gegebenen unteren Grenze bis zu einer durch die Sorgfalt der Ausführung bestimmten oberen Grenze reicht. Hervorzuheben ist, daß der Fehlbetrag $\lambda \dfrac{dy}{dt}$ umgekehrt proportional der zu messenden Geschwindigkeit ist, und daher für größere Werte derselben eine genauere Messung als für kleinere Werte ergibt. Durch Einbau einer Reibungskupplung und einem damit verbundenen Antrieb der Reibungsrolle ist es möglich, bei Messung einer beschleunigten Bewegung den Fehlbetrag nahezu zum Verschwinden zu bringen, der dann allerdings bei Messung einer verzögerten Bewegung einen erhöhten Wert annimmt. Ein derartiges Getriebe mit Reibungskupplung ist daher nur in bestimmten Einzelfällen mit Vorteil zu benutzen.

6. Ausschaltung der Rollenabnützung.

Bei den bisher betrachteten Beispielen ist die Größe von y abhängig von dem Halbmesser ϱ der Rolle. Infolge der Abnutzung, insbesondere durch die gleitende Reibung, unterliegt dieser einer allmählichen Änderung. Beim Geschwindigkeitsmesser von Otto Mende, Berlin, gemäß D.R.P. Nr. 146923 wird versucht, den Einfluß der Abnutzung der Rolle auf die Messung dadurch auszuschalten, daß die Rolle zwischen zwei Planscheiben angeordnet wird (Abb. 9).

Die Planscheibe I wird wieder durch ein Uhrwerk mit der gleichförmigen Geschwindigkeit ω_1 angetrieben. Parallel zu ihr ist mit dem Achsenabstand b eine zweite Planscheibe gelagert. Zwischen beiden wird die Reibrolle, die lose um ihre Achse läuft, vermittels einer nur verschieblich, nicht drehbar, gelagerten Schraubenspindel in Richtung der Verbindungslinie beider Planscheibenmittelpunkte verschoben. Durch ein Vorgelege mit dem

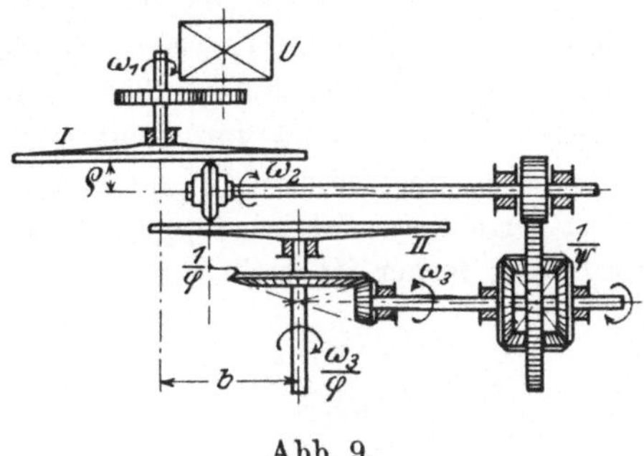

Abb. 9.

Übersetzungsverhältnis φ treibt die durch I und die Rolle angetriebene Planscheibe II ihrerseits mit der Geschwindigkeit ω_3 das Zentralrad eines Planetenradgetriebes, dessen resultierendes Rad mit dem Übersetzungsverhältnis ψ die zur Schraubenspindel gehörende Mutter dreht. Das zweite Zentralrad steht mit der zu messenden Geschwindigkeit in zwangläufiger Verbindung.

Für die Übertragung der Bewegung von Planscheibe I auf die Rolle besteht zunächst die Beziehung

$$85)\quad \omega_2 = \psi \cdot \omega_1 + \frac{T}{\sqrt{(P\mu)^2 - T^2}} \cdot \frac{dy}{dt}$$

desgleichen für die Übertragung der Rolle durch die Planscheibe II auf das Planetenradgetriebe

$$86) \quad \omega_2 = (b - y) \frac{1}{\varphi} \cdot \omega_3 - \frac{T'}{\sqrt{(P\mu)^2 - T'^2}} \cdot \frac{dy}{dt}$$

Schließlich gilt für die Zusammensetzung der Geschwindigkeiten im Differentialgetriebe:

$$87) \quad \omega_3 + \frac{1}{2} \cdot \frac{2 \cdot \pi}{\psi \cdot h} \cdot \frac{dy}{dt} = \omega$$

Durch Zusammenfassung dieser drei Gleichungen und Umformung erhalten wir die allgemeine Bewegungsgleichung in der Normalform:

$$88) \quad -\left[\frac{2\,T}{\omega_1 \cdot \sqrt{(P\mu)^2 - T^2}} + \frac{(b - y) \cdot n}{\psi \varphi \cdot \omega_1 \cdot h} \right] \cdot \frac{dy}{dt} = y - \frac{b - y}{\omega_1 \varphi} \cdot \omega$$

wobei zur Vereinfachung der Unterschied zwischen T und T' infolge des nur geringen Widerstandes der sich lose drehenden Rolle gegenüber dem der Planscheibe II vernachlässigt ist.

Die Gleichung zeigt, daß die angestrebte Unabhängigkeit vom Rollendurchmesser, dessen Abmessung nicht mehr in ihr enthalten ist, nur auf Kosten mehrerer Nachteile erreicht ist. Zunächst wird der Gleitverlust annähernd doppelt so groß als bei der einfachen Anordnung, ferner ist nicht einmal für den Gleichgewichtszustand

$$89) \quad y = \frac{b \cdot \omega}{(\omega_1 \varphi + \omega)}$$

einfache Proportionalität erzielt. Während bei kleinen Geschwindigkeiten y verhältnismäßig rasch anwächst, nähert es sich mit zunehmendem ω asymptotisch dem Werte b.

$$90) \quad \lim_{\omega = \infty} y = b$$

Das Getriebe besitzt einen theoretisch von Null bis Unendlich gehenden Meßbereich, der jedoch für das praktisch ausgeführte Getriebe durch die erreichbare mechanische Genauigkeit wesentlich nach oben hin begrenzt ist. Bei Annäherung an eine Gleichgewichtslage $\omega = \omega'$ geht Gleichung 88 durch Integration über in:

$$91) \quad t = -\int \frac{\dfrac{2 \cdot T}{\omega_1 \sqrt{(P\mu)^2 - T^2}} + \dfrac{(b - y)\,\pi}{\psi \cdot \varphi \cdot \omega_1 \cdot h}}{y\left(1 + \dfrac{\omega'}{\omega_1 \varphi}\right) - \dfrac{\omega' b}{\omega_1 \varphi}} \cdot dy$$

oder

$$t = \frac{\pi(\omega_1\varphi)^2\left[y\left(1+\dfrac{\omega'}{\omega_1\varphi}\right)-\dfrac{b\,\omega'}{\omega_1\varphi}\right]}{\psi\varphi h\cdot\omega_1\left[\omega_1\varphi+\omega'\right]^2} - \left[\frac{2\,T}{\omega_1\sqrt{(P\mu)^2-T^2}}+\frac{b\pi}{\psi\varphi\cdot h\omega_1}\right.$$

$$\left.-\frac{\pi\cdot b\omega'}{\psi\varphi h\omega_1\cdot(\varphi\omega_1+\omega')}\right]\cdot\frac{\varphi\omega_1}{(\varphi\omega_1+\omega')}\cdot ln\left[y\left(1+\frac{\omega'}{\omega_1\varphi}\right)-\frac{b\,\omega'}{\omega_1\varphi}\right]$$

Für den Gleichgewichtszustand muß

$$92)\quad y = \frac{b-y}{\omega_1\varphi}\cdot\omega'$$

sein, so daß zur Erreichung desselben die Zeit

$$93)\quad \lim t = +\infty$$
$$\left(y = \frac{b\omega'}{\omega_1\varphi+\omega'}\right)$$

benötigt wird und wiederum asymptotische Annäherung ergibt. Nimmt dagegen die zu messende Geschwindigkeit den Unendlichkeitswert an, so folgt aus Gleichung 91 ein unbestimmter Wert, dessen wahre Größe durch Differentiation von Zähler und Nenner nach der Zeit gefunden wird.

$$94)\quad \lim_{\omega'=\infty} t = -C\cdot\frac{y\left(1+\dfrac{\omega'}{\omega_1\varphi}\right)-\dfrac{b\,\omega'}{\omega_1\varphi}}{\left[\omega_1+\varphi\omega'\right]}+\frac{\dfrac{y}{\omega_1\varphi}-\dfrac{b}{\omega_1\varphi}}{2\left[\omega_1\varphi+\omega'\right]} = 0$$

Für eine unendlich große Geschwindigkeit wird damit eine dem Gleichgewichtszustand entsprechende Anzeige gleichzeitig mit ihr, also ohne Fehlbetrag, herbeigeführt. Für jede Geschwindigkeit $\omega < \infty$ wird dagegen ein endlicher Unterschied $\lambda\cdot\dfrac{dy}{dt}$ wie bei den früheren Messern bestehen bleiben.

Trotz der erwähnten Vorzüge, größtmöglicher Meßbereich, Unabhängigkeit von der Abnutzung der Rolle und verhältnismäßig genaue Anzeige für große Geschwindigkeiten, steht das Getriebe hinter den früher erwähnten Beispielen zurück, da in der Nähe der Nullage bis hinauf zu ziemlich hohen Mittelwerten die ungünstigen Einflüsse des doppelt auftretenden Gleitens und eines weiterhin durch den Faktor $(b-y)$ bedingten großen Wertes von λ gegenüber den genannten Vorzügen stark überwiegen.

In den Patentschriften sind noch zahlreiche mehr oder weniger von den besprochenen Getrieben abweichende Bauarten enthalten; sie alle stehen jedoch sowohl hinsichtlich Einfachheit der Anordnung wie vor allem Genauigkeit der Messung noch weiter von dem angestrebten Ziele ab, da noch neue Fehlerquellen, wie veränderliche Abweichung der Rollenachse von der Richtung nach der Planscheibenachse, mit der Stellung der Reibrolle stark wechselnder Einfluß des Gleitens, große Bewegungswiderstände usw. hinzutreten, so daß es genügt, hier nur darauf hingewiesen zu haben.

III. Geschwindigkeitsmesser mit Reibungsgetriebe und Lenkerführung der Rolle.

7. Reibungsgetriebe mit zwei exzentrischen Planscheiben und exzentrischem Lenker.

Bei den besprochenen Geschwindigkeitsmessern fiel dem Reibungsgetriebe nur die Aufgabe zu, ein veränderliches Übersetzungsverhältnis herzustellen, wobei nur eine der beiden zur Verfügung stehenden Geschwindigkeiten in dasselbe eingeleitet wurde. Erteilt man dagegen die zu messende Geschwindigkeit zwangläufig dem zweiten Reibungselement, so kann durch Schrägstellung der Rollenebene zur tangentialen Bahngeschwindigkeit der auftretenden Reibung eine derartige Richtung gegeben werden, daß sie die auf einem, um einen festen Pol drehbaren Rahmen gelagerte Reibrolle bis zum Eintritt des Kräftegleichgewichts verstellt.

Ein zu dieser Gruppe gehörendes Getriebe ist von A. M. Duveau in Rouen unter D. R. P. Nr. 50 569 beschrieben.

Zwischen zwei exzentrisch oder parallel zueinander gelagerten Planscheiben I und II (Abb. 10), von denen I durch ein Uhrwerk eine gleichförmige Geschwindigkeit ω_1 und II zwangläufig die zu messende Geschwindigkeit ω erhält, bewegt sich ein durch Reibungsschluß mit beiden Planscheiben gleichzeitig in Verbindung stehendes Rollrad, das durch einen Lenker l um den Mittelpunkt P des Abstandes $2a$ der Planscheibenachsen geführt wird. In einer beliebigen Stellung des Lenkers entsteht durch die Abweichung der Rollenebene von der Richtung der tangentialen Bahngeschwindigkeit eine relative Bewegung, welche die Richtung der Reibungskraft bestimmt. Geht die Resultierende der in den beiden Berührungspunkten entstehenden Reibungskräfte durch den Pol, so herrscht Gleichgewicht, und der Lenker bleibt in Ruhe. Da jedoch die Rolle sich andauernd um die Achse dreht und außerdem durch die Reibungskräfte gegen ihr äußeres Spurlager gedrückt wird, müssen diese zur Überwindung der hierbei entstehenden Bewegungswiderstände (M_ϱ) Teilkräfte in Richtung des Rollenumfanges entwickeln, aber in bezug auf den Lenker sich gegenseitig aufheben.

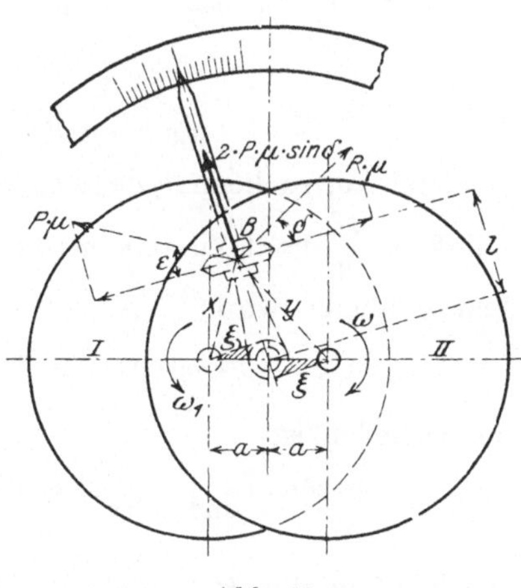

Abb. 10.

$$95) \quad 2\,P\mu \sin \delta = \frac{M_\varrho}{\varrho}$$

Der Gleichgewichtszustand ist also hier nach Gleichung 28 mit einem Gleiten in Richtung des Rollenumfanges verbunden, übt aber auf die Stellung des Lenkers keinen Einfluß aus.

Bei Eintritt einer Veränderung der zu messenden Geschwindigkeit findet eine weitere Abweichung der relativen Bewegung von der Richtung nach dem Pole statt. Die Verstellung des Lenkers erfolgt aber erst in dem Augenblick, in dem das durch die Reibung in bezug auf den Pol erzeugte Moment ausreicht, um die bei der Verstellung des Lenkers auftretenden Bewegungswiderstände M_0 zu überwinden. Der Winkel zwischen Reibung und Lenker in diesem Augenblick sei mit δ_0 bezeichnet und bestimmt sich zu:

$$96)\quad \sin \delta_0 = \frac{\dfrac{M\varrho}{\varrho} + \dfrac{M_0}{l}}{2 \cdot P\mu}$$

Im Gegensatz zu früher besitzt das Getriebe eine durch δ_0 bestimmte Unempfindlichkeitsgrenze. Für die Ermittlung des Geschwindigkeitszuwachses $\varDelta\omega$, der bis zur Erreichung der Unempfindlichkeitsgrenze eintreten muß, gilt dann

$$97)\quad \operatorname{tg} \delta_0 = \frac{y \cdot \varDelta\omega \cdot \cos \vartheta}{y\,(\omega \pm \varDelta\omega)\sin \vartheta}$$

oder

$$\varDelta\omega = \pm \left(\frac{\operatorname{tg} \delta_0}{\operatorname{ctg} \vartheta - \operatorname{tg} \delta_0}\right) \cdot \omega$$

Wächst $\varDelta\omega$ noch weiter an, so kommt der Lenker in Bewegung, dessen Geschwindigkeit $\dfrac{d\zeta}{dt}$ durch Zusammensetzung der einzelnen Teilgeschwindigkeit gefunden wird.

$$98)\quad -\omega_1 \cdot x \cdot \cos \varepsilon + y \cdot \cos \vartheta \cdot \omega = 2 \cdot l \frac{d\zeta}{dt}$$

Aus geometrischen Gründen ist

$$99)\quad x = \frac{l - a \cos \zeta}{\cos \varepsilon} \quad \text{und} \quad y = \frac{l + a \cos \zeta}{\cos \vartheta}$$

Die Differentialgleichung für die Bewegung lautet:

$$100)\quad 2\,l \frac{d\zeta}{dt} = a \cos \zeta \cdot (\omega_1 + \omega) - l\,(\omega_1 - \omega)$$

Für die Gleichgewichtslage gilt:

$$101)\quad \omega\,(+\,\varDelta\omega) = \frac{x}{y} \cdot \omega_1 \cdot \frac{\cos \varepsilon}{\cos \vartheta}$$

Die Beziehung ist gegenüber der Patentschrift um den Wert $\dfrac{\cos \varepsilon}{\cos \vartheta}$ verschieden. Die dort gemachte Voraussetzung, daß ε und ϑ gleich sind, trifft nur für die Endlage $\zeta = 0$ und für die Mittelstellung $\zeta = \dfrac{\pi}{2}$ zu, ist aber für alle Zwischenstellungen aus geometrischen Gründen nicht erfüllbar. Durch Umformung von Gleichung 101 folgt unter Vernachlässigung von $\varDelta\omega$

$$102)\quad \cos\zeta = \frac{l}{a}\cdot\frac{\omega_1-\omega}{\omega_1+\omega}$$

Proportionalität für die Einstellung des mit dem Lenker verbundenen Zeigers ist nicht vorhanden. Die größte meßbare Geschwindigkeit wird für $\zeta=\frac{\pi}{2}$ zu $\omega=\omega_1$ und für $\zeta=0$ zu $\omega=\frac{l-a}{l+a}\cdot\omega_1$ erhalten. Wir erhalten also einen sehr kleinen Meßbereich. Überschreitet die zu messende Geschwindigkeit diesen Meßbereich nach oben oder unten, so wird, falls nicht eine mechanische Hemmung vorhanden ist, der Lenker weiter wandern und selbst für $\omega=0$ nicht zum Stillstand kommen, da dann die Rolle durch Planscheibe II auf Planscheibe I abgewälzt wird.

Auch hier läßt sich die asymptotische Annäherung an eine Gleichgewichtslage $\omega=\omega'$ nachweisen. Gleichung 100 gestattet dann die Trennung der Variablen für die Integration.

$$t = 2\cdot l\int\limits_{\zeta_0}^{\zeta}\frac{d\zeta}{l\,(\omega'-\omega)+a\cdot\cos\zeta\,(\omega'+\omega_1)}$$

Durch Einsetzen des Wertes von $\cos\zeta$ aus Gleichung 102 folgt dann

$$103)\quad \lim_{\zeta\,=\,\mathrm{arc\ cos}\ \frac{l}{a}\left(\frac{\omega_1-\omega'}{\omega_1+\omega'}\right)} t = C\cdot ln\frac{B}{l\,(\omega'-\omega_1)+a\,(\omega'+\omega_1)\cdot\frac{l\,(\omega_1-\omega')}{a\,(\omega_1+\omega')}} = +\infty$$

Führt man die Geschwindigkeit des Lenkers im Berührungspunkt als Maß für die Geschwindigkeit ein, so läßt sich die Differentialgleichung 98 durch Multiplikation mit $1\cdot\zeta$ auf die Normalform bringen.

$$104)\quad -\frac{2\,l\zeta}{\omega_1\,(l-a\cos\zeta)}\cdot\frac{d\,(l\zeta)}{dt} = l\zeta - l\zeta\left(\frac{l+a\cos\zeta}{l-a\cos\zeta}\right)\cdot\frac{\omega}{\omega_1}$$

Der Wert von λ schwankt zwischen dem Werte Null für $\zeta=0$ und dem Werte $\dfrac{\pi}{\omega_1}$ für $\zeta=\dfrac{\pi}{2}$. Das Getriebe wird gemäß den besprochenen Eigenschaften den in der Patentschrift angegebenen Zweck, Messung von kleineren Geschwindigkeitsschwankungen, mit genügender Genauigkeit erfüllen, da die durch Gleichung 96 bestimmte Unempfindlichkeit bei sorgfältiger mechanischer Ausführung innerhalb sehr kleiner Grenzen gehalten werden kann.

8. Zwangläufige Ausschaltung des Fehlbetrages durch Vorgelage mit Kurvenrädern.

Um den Gedanken, den Vergleich zwischen zu messender und bekannter Geschwindigkeit durch Zerlegung in Teilgeschwindig-

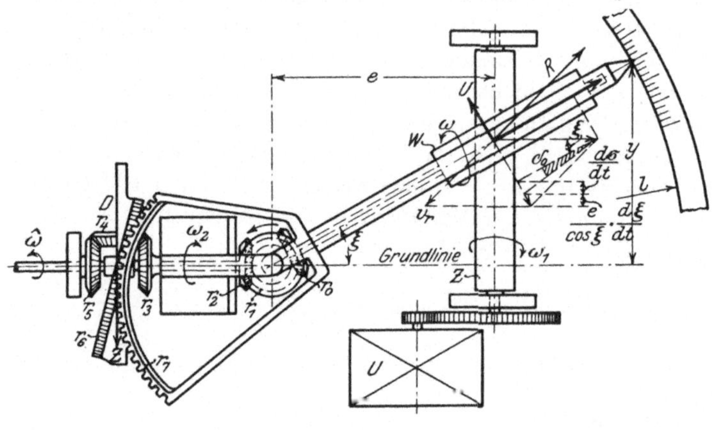

Abb. 11.

keiten im Berührungspunkt des Reibungsgetriebes vorzunehmen, weiter auszubauen, wurde vom Verfasser das unter D.R.P. Nr. 277830 beschriebene Getriebe entworfen (Abb. 11).

An einem um den festen Pol A schwingenden Lenker von der Länge l ist in seiner Längsachse eine Walze W angeordnet, die auf der fest gelagerten und durch ein Uhrwerk gleichförmig angetriebenen Walze Z abrollt, wenn ihr durch das Kegelrad r_0, das mit dem um die Polachse drehbaren Vermittlungsrad r_1 in Eingriff steht, die zu messende Geschwindigkeit ω erteilt wird. Die Nullstellung des Lenkers ist durch das Lot von der Polachse nach der Achse der Walze Z gegeben. Die Länge des Lotes sei mit e und der von ihm mit der Längsachse des Lenkers eingeschlossene Winkel mit ζ bezeichnet. Bei einer Bewegung des Lenkers muß sich das Antriebsrad r_0 der Walze W auf dem Vermittlungsrad r_1 abwälzen, so daß sich die hierdurch bedingte Umfangsgeschwindigkeit $r_1 \cdot \dfrac{d\zeta}{dt}$ bei zunehmendem Winkel ζ zu der durch ω bedingten Geschwindigkeit $\omega \cdot r_0$ hinzuzählt.

$$105) \quad r_0 \cdot \omega + r_1 \cdot \frac{d\zeta}{dt} = r_2 \cdot \omega_2$$

wobei ω_2 die Winkelgeschwindigkeit der am Gestell G gelagerten und durch das Kegelrad r_2 ebenfalls mit dem Vermittlungsrad r_1 in Verbindung stehenden Welle ist.

Um den Einfluß der Lenkergeschwindigkeit auszugleichen, erhält Rad r_2 die zu messende Geschwindigkeit nicht unmittelbar, sondern erst durch Vermittlung eines Planetenradgetriebes D, das in der Patentschrift noch nicht angegeben und erst nachträglich hinzugefügt wurde, zugeteilt. Das resultierende Rad r_6 des Planetenradgetriebes greift in einen am Lenker befestigten Zahnkranz r_7 ein, so daß dessen Geschwindigkeit $\dfrac{d\zeta}{dt}$ dem Rad r_6 und dem in letzterem gelagerten Planetenrad r_4 mitgeteilt wird, und zwar muß bei zunehmendem Winkel ζ die Umfangsgeschwindigkeit von r_4 sich zu der von r_5 hinzuzählen, um die von r_3 zu ergeben.

$$106) \quad r_5 \cdot \widehat{\omega} + 2 \cdot \left(\frac{r_7}{r_6}\right) \cdot r_4 \frac{d\zeta}{dt} = \omega_2 r_3$$

Durch Verbindung der beiden Gleichungen 105 und 106 folgt, wenn $\dfrac{2 \cdot r_7}{r_6} = \varphi$ gesetzt wird,

$$107) \quad \widehat{\omega} = \omega + (1 - \varphi) \cdot \frac{d\zeta}{dt}$$

wobei unter Berücksichtigung einer vereinfachten mechanischen Herstellung

$$r_0 = r_1 = r_2 = r_3 = r_4 = r_5$$

gemacht wurde. Erhält Rad r_6 einen doppelt so großen Durchmesser als der Zahnkranz r_7, so wird

$$108) \quad \varphi = \frac{2 \cdot r_7}{2 \cdot r_7} = 1$$

und $\omega = \widehat{\omega}$, so daß der Einfluß der Lenkergeschwindigkeit ausgeglichen ist. Weiterhin soll jedoch noch angenommen sein, daß das Übersetzungsverhältnis φ ein von 1 verschiedener Wert sei.

Die Walzen W und Z werden durch den Anpressungsdruck P zusammengedrückt. Die Richtung der im Berührungspunkt entstehenden Reibung ist durch die der relativen Geschwindigkeit v_r der sich berührenden Oberflächenelemente der Walzen gegeben.

Infolge der Schrägstellung der Walzen schließen die im Berührungspunkt vorhandenen Umfangsgeschwindigkeiten $\varrho_z \cdot \omega_1$ und $\varrho_\omega \cdot \omega$ den Winkel $90^0 - \zeta$ ein und müssen sich daher zu einer resultierenden Geschwindigkeit zusammensetzen. Die Richtung der Reibung muß dann wieder entgegengesetzt zu dieser sein. Soll Gleichgewicht herrschen und der Lenker in Ruhe bleiben, so darf die Reibung kein Moment in bezug auf die Polachse A ausüben, muß also in Richtung der Lenkerachse fallen. Stabiles und für die Messung brauchbares Gleichgewicht entsteht nur dann, wenn die Reibung vom Pol nach dem Berührungspunkt gerichtet ist. Hierdurch ist der Umdrehungssinn der beiden Walzen festgelegt. Die Gleichung

$$109) \quad \varrho_z \cdot \omega_1 \cdot \sin \zeta = \varrho_w \cdot \omega$$

bringt die Bedingung des Geschwindigkeitsgleichgewichtes zum Ausdruck. Geht ω in eine ungleichförmige Geschwindigkeit über, so wird erst dann eine Bewegung des Lenkers eintreten, wenn die relative Geschwindigkeit bezw. die Reibung den Winkel δ_0 mit der Lenkerachse einschließt und in bezug auf die Polachse das Moment

$$110) \quad M_u = U \cdot \frac{e}{\cos \zeta}$$

erzeugt, das zur Überwindung der Bewegungswiderstände des Lenkers genügt. U ist hierbei die Teilkraft der Reibung senkrecht zur Lenkerachse. Die Teilkraft U bedingt weiterhin in der Walze W ein Drehmoment $U \cdot \varrho_w$, das an der Eingriffsstelle von r_0 mit r_1 einen Zahndruck $\left(\dfrac{U \cdot \varrho_w}{r_0} \right)$ und damit in bezug auf den Lenker ein Moment

$$111) \quad M_z = \frac{U \cdot \varrho_w}{r_0} \cdot r_1$$

das in der gezeichneten Anordnung mit obenliegendem Vermittlungsrad im Sinne von M_u gerichtet ist, hervorruft. Ein gleich großes Drehmoment wird durch das Vermittlungsrad r_1 in das Planetenradgetriebe eingeleitet und durch den zwischen r_6 und r_7 entstehenden Zahndruck $\dfrac{2 \cdot U \cdot \varrho_w \cdot r_1}{r_0 \cdot r_6}$ ein entgegengesetzt zu M_u gerichtetes Moment

$$112)\quad M_D = -\frac{2 \cdot U \cdot \varrho_w \cdot r_1 \cdot r_7}{r_0 \cdot r_6}$$

auf den Lenker ausgeübt. Bei einem Wechsel der zu messenden Geschwindigkeit vom Beschleunigungszustand in Verzögerung kehren sich infolge der ebenfalls wechselnden Richtung von U sämtliche Momente entsprechend um.

Durch die Summe dieser Momente werden die Bewegungswiderstände des Lenkers, die zusammenfassend durch das Moment M_0 beschrieben seien, überwunden.

$$113)\quad M_0 = U \cdot \left[\frac{e}{\cos \zeta} + \frac{\varrho_w}{r_0} \cdot r_1 - \frac{2\, \varrho_w \cdot r_2 \cdot r_7}{r_0 \cdot r_6} \right]$$

oder nach U aufgelöst:

$$114)\quad U = \frac{M_0}{\dfrac{e}{\cos \zeta} + \varrho_w \left(\dfrac{r_1}{r_0} - \dfrac{2\, r_2 \cdot r_7}{r_0 \cdot r_6} \right)}$$

Die Zerlegung der Kräfte und Geschwindigkeiten im Berührungspunkt ergibt die Beziehung

$$115)\quad \operatorname{tg} \delta_0 = \frac{U}{\sqrt{(P\mu)^2 - U^2}} = \frac{\dfrac{d\sigma}{dt}}{\varrho_z \cdot \omega_1 \cdot \cos \zeta}$$

$$= \frac{M_0}{\sqrt{(P\mu)^2 \cdot \left[\dfrac{e}{\cos \zeta} + \varrho_w \left(\dfrac{r_1}{r_0} - \dfrac{2\, r_2 \cdot r_7}{r_0 \cdot r_6} \right) \right]^2 - M_0^2}}$$

Um diesen Winkel δ_0 muß die Reibung von der Richtung der Lenkerachse abweichen, ehe eine Bewegung des Lenkers und Messung von ungleichförmiger Geschwindigkeit eintritt. Das Getriebe besitzt also eine durch δ_0 bestimmte Unempfindlichkeitsgrenze. Der Winkel δ_0 wird für $r_7 = 0$ zu einem Kleinstwert, der geometrisch durch den Entfall des Planetenradgetriebes D verwirklicht wird. Die zu messende Geschwindigkeit müßte dann unmittelbar in r_2 eingeleitet werden.

Nach Überwindung der Unempfindlichkeitsgrenze kommt der Lenker in Bewegung. Seine Umfangsgeschwindigkeit im Berührungspunkt $\dfrac{e}{\cos \zeta} \cdot \dfrac{d\zeta}{dt}$ setzt sich mit den dort vorhandenen Geschwindigkeiten zusammen. Die auftretende Relativgeschwindigkeit bestimmt die Richtung der Reibung. Die durch Gleichung 115 festgelegte Gleitgeschwindigkeit wird während der Lenkerbewegung durch Hinzutreten des Momentes für den Trägheitswiderstand der bewegten Massen $\Theta \cdot \dfrac{d^2 \zeta}{dt^2}$ vergrößert.

$$116)\quad \frac{d\sigma}{dt} = \frac{\left(M_0 + \Theta \dfrac{d^2 \zeta}{dt^2}\right) \varrho_z \cdot \omega_1 \cdot \cos \zeta}{\sqrt{(P \cdot \mu)^2 \left[\dfrac{e}{\cos \zeta} + \varrho_w \left(\dfrac{r_1}{r_0} - 2 \dfrac{r_2}{r_0} \cdot \dfrac{r_7}{r_6}\right)\right]^2 - \left[M_0 + \Theta \dfrac{d^2 \zeta}{dt^2}\right]^2}}$$

Es kann jetzt durch Zusammensetzung der im Berührungspunkt auftretenden Geschwindigkeiten die Bewegungsgleichung angeschrieben werden.

$$117)\quad \frac{e}{\cos \zeta} \cdot \frac{d\zeta}{dt} + \frac{d\sigma}{dt} = \varrho_w \cdot \omega - \varrho_z \cdot \omega_1 \cdot \sin \zeta$$

Für ω ist noch der oben gefundene Wert einzuführen. Außerdem ist bei der gewählten Anordnung $r_0 = r_2$ und $r_3 = r_5$.

$$118)\quad -\left[\left(\frac{e}{\cos \zeta} + \frac{r_1}{r_0} - 2\frac{r_2}{r_6} \cdot \frac{r_4}{r_3}\right) \cdot \frac{d\zeta}{dt} + \frac{1}{\varrho_w} \cdot \frac{d\sigma}{dt}\right] = \omega_1 \frac{\varrho_z}{\varrho_w} \cdot \sin \zeta - \widehat{\omega}$$

Der Fehlbetrag in der Anzeige setzt sich aus den beiden Gliedern $\lambda \cdot \dfrac{d\zeta}{dt}$ und $\dfrac{1}{\varrho_w} \cdot \dfrac{d\sigma}{dt}$ zusammen. Wählt man die Abmessungen der einzelnen Teile so, daß der Faktor λ von $\dfrac{d\zeta}{dt}$ verschwindet, dann zeigt die Differentiation der vorstehenden Gleichung

$$\frac{1}{\varrho_w} \cdot \frac{d^2 \sigma}{dt^2} = \frac{d\,\widehat{\omega}}{dt}$$

daß die ganze Veränderung der zu messenden Geschwindigkeit sich in Gleiten umsetzt und eine Bewegung des Lenkers ausschließt. Das Übersetzungsverhältnis φ der Räder r_6 und r_7 wird daher so bemessen, daß λ größer als Null wird.

$$119) \quad \varphi = \frac{r_7}{r_6} = \frac{1}{2} \cdot \frac{r_3}{r_4} \left[\frac{e}{\varrho_w \cdot \cos \zeta} + \frac{r_1}{r_0} - \lambda \right]$$

Durch Verwendung von Kurvenrädern kann dieses Übersetzungsverhältnis technisch zwangläufig verwirklicht werden.

Das zweite Glied des Fehlbetrages erhält nunmehr die Form

$$120) \quad \frac{1}{\varrho_w} \cdot \frac{d\,\sigma}{dt} = \frac{\varrho_z}{\varrho_w} \cdot \frac{\left[M_0 + \Theta \dfrac{d^2 \zeta}{dt^2} \right] \cdot \omega_1 \cdot \cos \zeta}{\sqrt{ (P \cdot \mu)^2 \cdot \left[\left(\dfrac{e}{\cos \zeta} + \varrho_w \cdot \dfrac{r_1}{r_0} \right) \left(1 - \dfrac{r_3}{r_4} \right) + \varrho_w \cdot \lambda \cdot \dfrac{r_3}{r_4} \right]^2 - \left[M_0 + \Theta \dfrac{d^2 \zeta}{dt} \right]^2 }}$$

Es wird um so kleiner ausfallen, je größer unter sonst gleichen Verhältnissen λ gewählt wird.

Der kleinste Wert des Fehlbetrages ist dagegen an eine bestimmte Größe von λ gebunden, der durch Bildung des Minimums gefunden wird.

Als Maß für die gemessene Geschwindigkeit wird die Entfernung y der Spitze des Lenkers von der Grundlinie genommen.

$$121) \quad y = l \cdot \sin \zeta$$

Gleichung 118 kann jetzt in die Normalform gebracht werden.

$$122) \quad - \left[\frac{\lambda}{\omega_1} \cdot \frac{\varrho_w}{\varrho_z} \cdot \frac{1}{\cos \zeta} \cdot \frac{dy}{dt} + \frac{l \left(M_0 + \Theta \dfrac{d^2 \zeta}{dt^2} \right) \cdot \cos \zeta}{\sqrt{ (P \cdot \mu)^2 \cdot \left[\left(\dfrac{e}{\cos \zeta} + \varrho_w \cdot \dfrac{r_1}{r_0} \right) \left(1 - \dfrac{r_3}{r_4} \right) + \varrho_w \cdot \lambda \cdot \dfrac{r_3}{r_4} \right]^2 - \left[M_0 + \Theta \dfrac{d^2 \zeta}{dt^2} \right]^2 }} \right] =$$

$$= y - \frac{l}{\omega_1} \cdot \frac{\varrho_w}{\varrho_z} \cdot \widehat{\omega}$$

Unter der Voraussetzung, daß es sich um Messung einer gleichförmig beschleunigten oder verzögerten Bewegung handelt und weiterhin der Einfluß der Änderung von $\dfrac{d^2 \zeta}{dt^2}$ und $\cos \zeta$ während der Bewegung vernachlässigt werden kann, erhält man die Differentialgleichung in linearer Form. Diese Annahme ist zulässig, wenn die Integration innerhalb enger Grenzen vorgenommen und die Kurve der gemessenen Geschwindigkeiten durch Aneinanderreihen der einzelnen Integrationsstufen bestimmt wird.

Der integrierende Faktor findet sich zu

$$\frac{1}{y} = e^{\left(\frac{\varrho_z}{\varrho_w} \cdot \frac{\cos \zeta}{\lambda} \cdot \omega_1 \cdot t\right)}$$

Das bestimmte Integral hat die Form:

$$123)\quad y = \frac{l}{\omega_1} \cdot \frac{\varrho_w}{\varrho_z} \cdot \widehat{(\omega_0 + \varepsilon t)} - C - \frac{\varepsilon l \cdot \lambda}{\omega_1{}^2}\left(\frac{\varrho_w}{\varrho_z}\right)^2 -$$

$$- \left[\frac{l}{\omega_1} \frac{\varrho_w}{\varrho_z}(\omega_0 + \varepsilon t) - y_0 - C - \frac{\varepsilon l \lambda}{\omega_1{}^2} \cdot \left(\frac{\varrho_w}{\varrho_z}\right)^2\right] \cdot e^{-\left(\frac{\varrho_z}{\varrho_w} \cdot \frac{\cos \zeta}{\lambda} \omega_1 (t - t_0)\right)}$$

wobei

$$\frac{l\left(M_0 + \Theta\,\frac{d^2\zeta}{dt^2}\right)\cos \zeta}{\sqrt{(P\mu)^2\left[\left(\frac{e}{\cos \zeta} + \varrho_w\,\frac{r_1}{r_0}\right)\left(1 - \frac{r_3}{r_4}\right) + \varrho_w\,\lambda\,\frac{r_3}{r_4}\right]^2 - \left[M_0 + \Theta\,\frac{d^2\zeta}{dt^2}\right]^2}} = C$$

gesetzt wurde.

Die Exponentialfunktion nimmt in der Regel einen derartig kleinen Wert an, daß das letzte Glied der Gleichung vernachlässigt werden kann. Das erste Glied ergibt den Wert y' der zu messenden Geschwindigkeit, so daß die zwei folgenden Ausdrücke den Fehlbetrag angeben. Er wird um so kleiner ausfallen, je größer e, ϱ_z, ω_1 und $\frac{r_1}{r_0}$ gemacht werden können.

Um einen Anhalt über die Größe des Fehlbetrages zu geben, seien die nachfolgenden Abmessungen der Berechnung zugrunde gelegt:

$$
\begin{array}{c|c|c|c|c|c}
\begin{aligned}P &= 0{,}5\,\mathrm{kg}\\[2pt] \omega_1 &= 10\,\tfrac{1}{\sec}\end{aligned}
&
\begin{aligned}\varrho_z &= 1{,}5\,\mathrm{cm}\\ \varrho_w &= 0{,}5\,\mathrm{cm}\end{aligned}
&
\begin{aligned}l &= 7{,}5\,\mathrm{cm}\\ e &= 5{,}0\,\mathrm{cm}\end{aligned}
&
\begin{aligned}M_0 &= 0{,}0016\,\mathrm{cmkg}\\ \Theta &= 0{,}002\,\mathrm{cmkgsec}^2\end{aligned}
&
\begin{aligned}\frac{r_1}{r_0} &= 4\\[4pt] \frac{r_3}{r_4} &= \frac{1}{4}\end{aligned}
&
\lambda = 4
\end{array}
$$

Um für denselben Bewegungsvorgang einen Vergleich mit den im 3. Abschnitt gefundenen Zahlenwerten zu erhalten, sollen die Größen y' der zu messenden Geschwindigkeiten dort wie hier gleich groß sein. Für die Beschleunigung ε gilt dann die Beziehung:

$$\frac{l}{\omega_1} \cdot \frac{\varrho_w}{\varrho_z} \cdot \varepsilon = \left(\frac{\varrho^0}{\omega_1{}^0}\right) \cdot \varepsilon^0$$

wobei ϱ^0, $\omega_1{}^0$ und ε^0 die früheren Werte bedeuten.

$$\varepsilon = \frac{10}{7,5} \cdot \frac{1,5}{0,5} \cdot \frac{0,75}{3} \cdot 2 = 2 \left[\frac{1}{\sec^2}\right]$$

Die Winkelbeschleunigung $\dfrac{d^2\zeta}{dt^2}$ wird durch Differentation der Gleichung 118 gefunden.

$$\lambda \,\frac{d^2\zeta}{dt^2} + \frac{1}{\varrho_w}\,\frac{d^2\sigma}{dt^2} = \frac{d\,\widehat{\omega}}{dt} = \varepsilon$$

Die zeitliche Veränderung der Gleitgeschwindigkeit kann vernachlässigt werden, wodurch wir etwas ungünstig rechnen. Dann ist

$$\frac{d^2\zeta}{dt^2} = 0,5 \left[\frac{1}{\sec^2}\right]$$

Wird die Integration stufenweise über einen Zeitraum von zwei Sekunden ausgeführt, so nimmt y die nachfolgenden Werte an:

t	$\cos \zeta$	y	y'	$\dfrac{y'-y}{y'}\,{}^0/_0$
2	0,9983	0,88148	1	11,852
4	0,9840	1,88265	2	5,867
6	0,9510	2,88560	3	3,813
8	0,9099	3,88867	4	2,783
10	0,8631	4,89225	5	2,155
12	0,8124	5,89625	6	1,729
14	0,7594	6,89982	7	1,431
16	0,7143	7,90384	8	1,202

Der Vergleich zeigt, daß beim vorliegenden Getriebe eine erhebliche Verbesserung gegen die früher besprochenen Bauarten erzielt wurde, wenn auch die Fehlanzeige und die asymptotische Annäherung an die Gleichgewichtslage nicht vollständig vermieden werden kann. Letztere wird aus Gleichung 122 für $\widehat{\omega} = \widehat{\omega}_c$ gefunden.

$$y = \frac{l}{\omega_1}\left(\frac{\varrho_w}{\varrho_z}\right)\widehat{\omega}_c - C - \left[\frac{l}{\omega_1}\frac{\varrho_w}{\varrho_z}\cdot\widehat{\omega}_c - y_0 - C\right]\cdot e^{-\frac{\omega_1}{\lambda}\cdot\frac{\varrho_z}{\varrho_w}\cdot\cos\zeta(t-t_0)}$$

Die Annäherung an die Gleichgewichtslage bis auf 0,01 cm erfolgt in der Zeit

$$t' = t_0 - \frac{\lambda}{\omega_1} \frac{\varrho_w}{\varrho_z} \cdot \frac{1}{\cos \zeta} \cdot ln \left[\frac{\dfrac{l}{\omega_1} \dfrac{\varrho_w}{\varrho_z} \cdot \widehat{\omega_c} - C - (y'_c - 0{,}01)}{\dfrac{l}{\omega_1} \dfrac{\varrho_w}{\varrho_z} \cdot \widehat{\omega_c} - C - y_0} \right]$$

Bei den gewählten Abmessungen findet sich

$$t' = 0{,}098''$$

so daß sich auch für die Annäherung an die Gleichgewichtslage praktisch brauchbare Werte ergeben.

Das Ergebnis der Untersuchung aller im II. und III. Teil besprochenen Geschwindigkeitsmesser läßt sich dahin zusammenfassen, daß die Messung ausschließlich auf einer Zusammensetzung der zu messenden Geschwindigkeit mit einer bekannten Geschwindigkeit beruht, wobei jede Geschwindigkeitsänderung eine Störung des Gleichgewichtes und Verstellung der Reibrolle des Reibungsgetriebes veranlaßt. Der an der Vergleichsstelle auftretende Geschwindigkeitsunterschied verursacht ein zeitliches Zurückbleiben der mit der Verstellung verbundenen Anzeige. Gleichzeitig tritt durch die zu überwindenden Bewegungswiderstände im Reibungsgetriebe ein Gleitverlust auf. Bei den Getrieben, die eine Verschiebung der Reibrolle in axialer Richtung aufweisen, bleibt die Fehlanzeige für kleinere Geschwindigkeitsänderungen innerhalb brauchbarer Grenzen.

Durch Einbau einer Reibungskupplung gelingt es, die Fehlanzeige wenigstens für eine Zunahme der zu messenden Geschwindigkeit annähernd zum Verschwinden zu bringen. Die Getriebe mit Lenkerführung der Reibrolle besitzen eine Unempfindlichkeitsgrenze, die jedoch sehr klein gehalten werden kann. Mit Hilfe eines Planetenradgetriebes läßt sich der Lenker derart beeinflussen, daß bei entsprechender Wahl der Übersetzungsverhältnisse die Fehlanzeige sich innerhalb sehr enger Grenzen hält.

IV. Anwendungsgebiete der Geschwindigkeitsmesser.

9. Messung der Beschleunigung durch Hintereinanderschaltung zweier Geschwindigkeitsmesser.

Die Geschwindigkeitsmesser, die einer der drei in der Einleitung erwähnten Gruppen angehören, können nur dann zur Messung der Geschwindigkeit bewegter Körper benutzt werden, wenn die zu messende Geschwindigkeit entweder selbst eine Winkelgeschwindigkeit ist oder durch zwangläufige Abwicklung des zurückgelegten Weges in eine solche verwandelt werden kann. Dort, wo dies nicht der Fall ist, wie z. B. bei Schiffen und Luftfahrzeugen, kann mit ihrer Hilfe nur eine mittelbare Bestimmung der Fortbewegungsgeschwindigkeit durch Messung der Drehgeschwindigkeit der Propellerwellen unter Vernachlässigung des oft bedeutenden Einflusses von Wasser- und Luftströmungen erfolgen.

Eine Erweiterung der Grenzen des Anwendungsgebietes wird möglich, wenn zwei Geschwindigkeitsmesser derart hintereinander geschaltet werden, daß die im ersten Getriebe bei Messung ungleichförmiger Geschwindigkeit auftretende Bewegung der Rolle oder des Fahrarmes in eine Drehbewegung verwandelt und in den zweiten Geschwindigkeitsmesser eingeleitet wird. Unter der Voraussetzung, daß die verschiedenen Fehlerquellen, insbesondere der Wert $\lambda \cdot \dfrac{dy}{dt}$, nach Möglichkeit beseitigt sind und eine genügend genaue Messung der eingeleiteten Geschwindigkeit erfolgt, ergibt die Gleichung 3 durch Differentation die Beziehung

$$124) \quad \frac{dv}{dt} = \omega_1 \cdot \frac{dk}{dt}$$

Die Geschwindigkeit $\dfrac{dk}{dt}$ der seitlich bewegten Rolle oder des Lenkers wird im zweiten Instrument, das den Proportionalitätsfaktor ψ und die bekannte Geschwindigkeit ω_2 besitze, zu

$$125) \quad \frac{dk}{dt} = \psi \cdot \omega_2$$

gemessen. Durch Zusammenfassen beider Gleichungen folgt

$$126) \quad \psi = \frac{1}{\omega_1 \cdot \omega_2} \cdot \frac{dv}{dt}$$

Im zweiten Instrument wird also die augenblickliche Beschleunigung $\frac{dv}{dt}$ mit einer von den Fehlern beider Instrumente abhängigen, aber immerhin brauchbaren Genauigkeit gemessen.

Eine derartige Meßvorrichtung, die meines Wissens bisher noch nicht bekannt war, hat den Vorteil, die Beschleunigung ziemlich unabhängig von den insbesondere bei Fahrzeugen unvermeidlichen Stößen und Schwankungen sowie von den Steigungsverhältnissen des Weges zu messen. Sie gibt dem Fahrzeugführer die Möglichkeit, den Eintritt einer größeren Beschleunigung oder Verzögerung sofort zu erkennen und rechtzeitig entsprechende Maßnahmen zur Aufrechterhaltung der gewünschten Geschwindigkeit zu treffen, noch ehe diese einen unzulässigen Wert erreicht hat.